爸妈必读
育婴百科全书

孙晶丹 ◎ 主编

U0336627

新疆人民出版总社
新疆人民卫生出版社

图书在版编目（CIP）数据

爸妈必读育婴百科全书 / 孙晶丹主编． -- 乌鲁木齐：
新疆人民卫生出版社，2016.9
ISBN 978-7-5372-6693-2

Ⅰ．①爸… Ⅱ．①孙… Ⅲ．①婴幼儿－哺育 Ⅳ．
① TS976.31

中国版本图书馆 CIP 数据核字（2016）第 179378 号

爸妈必读育婴百科全书

BAMA BIDU YUYING BAIKE QUANSHU

出版发行	新疆 人民出版总社 新疆 人民卫生出版社	
责任编辑	李齐新	
策划编辑	深圳市金版文化发展股份有限公司	
摄影摄像	深圳市金版文化发展股份有限公司	
封面设计	深圳市金版文化发展股份有限公司	
地　　址	新疆乌鲁木齐市龙泉街 196 号	
电　　话	0991-2824446	
邮　　编	830004	
网　　址	http://www.xjpsp.com	
印　　刷	深圳市雅佳图印刷有限公司	
经　　销	全国新华书店	
开　　本	173 毫米×243 毫米　　16 开	
印　　张	18	
字　　数	230 千字	
版　　次	2016 年 11 月第 1 版	
印　　次	2017 年 12 月第 2 次印刷	
定　　价	39.80 元	

经历了万分辛苦又充满了期盼的十月怀胎，宝宝终于来到了这个世界上，在欣喜和激动之余，初为人父和初为人母的新爸爸新妈妈，也面临着种种自己不熟悉的问题和困难，在宝宝成长的同时，父母也在学习和成长。对于这个刚睁开眼睛见到世界的娇弱的小宝宝，我们需要了解很多，需要注意很多，才能让他健康地长大。

新一代的新手父母们，素有怀疑和追求完美的精神，在育儿这件事情上更是如此。他们不会轻易相信祖母或者母亲那一辈的育儿经验，若是老人们自信满满地跟他们说"反正我们那时都是这样做的"，他们往往会有选择性地吸取，因为他们不但要知道怎么做，还要知道为什么，甚至还追求如何才能做得更好。一本优秀的育儿书籍，往往能让新手父母们少走许多弯路，让孩子们少受许多不必要的苦。

本书最大的特点是图文紧密结合，不赘言，以文字作解释、图片作示范，新手父母可对照图片即学即用。并且，本书不但传授育婴方式，字里行间更是向广大父母传达先进的育儿理念，如"母乳是婴儿最佳的营养来源""尊重婴儿间的差异性""婴儿生来就拥有无限的潜力，父母要及时、科学地发掘这种潜力"等。

本书以婴儿成长的阶段为纵线，分五章阐述，按照宝宝每个阶段的成长变化、宝宝日常护理要点、日常喂养、宝宝可能出现的不适症、宝宝可进行的益智游戏、体能训练等分门归类，编排科学合理，方便新手爸妈查阅。

如果您想科学、合理地养育您的宝宝，让他拥有最佳的人生开端，我极力向您推荐这本书！

目录 | CONTENTS

Chapter 1
新生儿期：妈妈，我来啦

Chapter 2

2～3月：我爱笑，我爱闹

Chapter 3
4 ~ 6 月：长牙牙，吃辅食

Chapter 4

7～9月：学独坐，学爬行

Chapter 5
10 ~ 12 月：学走路，学说话

Chapter 1

新生儿期：妈妈，我来啦

在妈妈的身体里"住"了 10 个月，
宝宝终于要出来啦！
仿佛已感觉到爸爸妈妈浓浓的爱意，
宝宝一定会如你们所愿，
成为一个健康、聪明又漂亮的乖宝宝的！

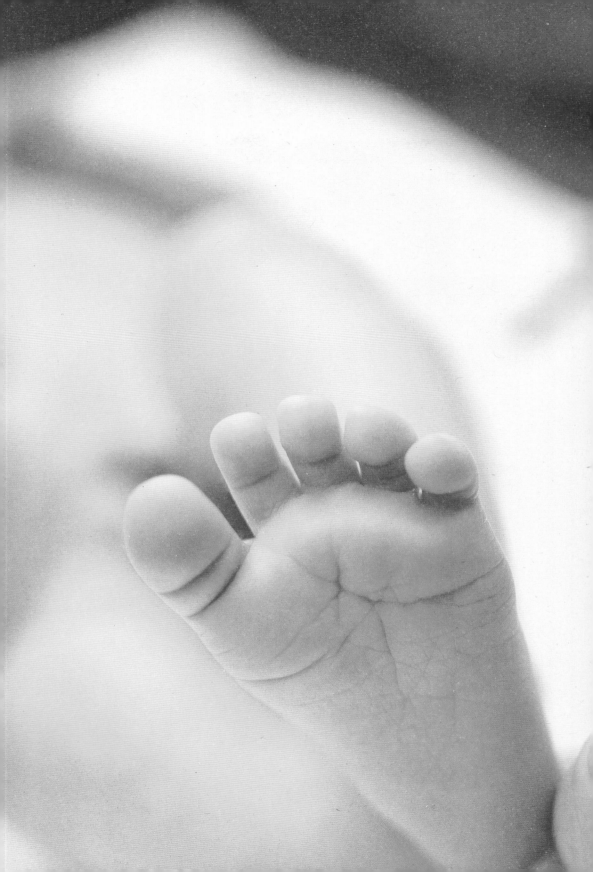

① 新生儿的成长发育 ⋯⋯⋯⋯⋯⋯⋯⋯⋯⋯⋯

（一）新生儿身体发育指标

现在，我们就一起来看看新生儿的各项身体发育指标吧。不过要提醒新爸爸新妈妈的是，下面表格中的数据只是一个参考标准而已。每个宝宝都有自己特定的成长轨迹，跟标准略有些偏差也是正常的。

表1-1：出生时的身体发育指标

出生时	男宝宝	女宝宝
身高	平均 50.4 厘米（47.1 ~ 53.8 厘米）	平均 49.8 厘米（46.6 ~ 53.1 厘米）
体重	平均 3.3 千克（2.5 ~ 4.1 千克）	平均 3.1 千克（2.4 ~ 3.9 千克）
头围	平均 34.3 厘米（31.9 ~ 36.7 厘米）	平均 33.9 厘米（31.5 ~ 36.3 厘米）
胸围	平均 32.3 厘米（29.3 ~ 35.3 厘米）	平均 32.2 厘米（29.4 ~ 35.0 厘米）

表1-2：满月时的身体发育指标

出生时	男宝宝	女宝宝
身高	平均 56.9 厘米（52.3 ~ 61.5 厘米）	平均 56.1 厘米（51.7 ~ 60.5 厘米）
体重	平均 5.1 千克（3.8 ~ 6.4 千克）	平均 4.8 千克（3.7 ~ 5.9 千克）
头围	平均 38.1 厘米（35.5 ~ 40.7 厘米）	平均 37.4 厘米（35 ~ 39.8 厘米）
胸围	平均 37.3 厘米（33.7 ~ 40.9 厘米）	平均 36.5 厘米（32.9 ~ 40.1 厘米）

★ 本月接种疫苗提示 ★

【卡介苗】正常新生儿应在出生后即接种卡介苗，以刺激体内产生特异性抗体，预防结核病。

【乙肝疫苗】正常新生儿应在出生24小时内接种第1次，30天时接种第2次，6个月时接种第3次，可预防乙型肝炎。由于第3针间隔期较长，请做好备忘录以防忘记接种。

1 体重发育规律

宝宝满月时的体重与宝宝出生时的体重密切相关。出生体重越大，满月后体重相对越大；出生体重越小，满月后体重相对越小。一般来说，新生儿体重平均每周可增加200～400克。这种代表的是新生儿整体按正态分布计算出来的平均值，普遍情况，每个个体只要在正态数值范围内，或接近这个范围，就都应算是正常的。对于小宝宝，妈妈可采取以下方法给宝宝测量体重：测量时，让宝宝平躺于秤的卧板上；6～7个月以后的宝宝如果能坐，也可以让其坐在磅秤的座凳上进行测量。所测得的数值即为宝宝的体重。

2 身高发育规律

新生儿出生时的身高与遗传关系不大，但进入婴幼儿时期后，身高增长的个体差异就表现出来了。一般来说，新生儿满月前后身高会增加3～6厘米。宝宝满月时，妈妈可以采取以下方法给宝宝测量身高：测量时，最好由两个人一起完成，这样测得的数值更加精确；让宝宝平躺在床上，其中一个人将宝宝的膝关节、髋关节和头部固定好，另一个人拿着软皮尺从宝宝头顶部的最高点量至足跟部的最高点，所测得的数值就是宝宝的身高。

3 头围发育规律

宝宝出生了，是个大头宝宝。妈妈有些担忧，家里人的头都不是很大，宝宝的大头会不会是某种疾病的象征？头围增长是否正常，反映着大脑发育是否正常。小头畸形、脑积水都会影响宝宝的智力发育。对此，妈妈一定要认真对待。新生儿头围的平均值是34厘米。满月前后，宝宝的头围比刚出生时也就增长3～5厘米。如果测量方法不对，数值不准确，误以为宝宝头围过大或过小，会给新手爸妈带来不小的麻烦。宝宝头围的测量方法：取软皮尺，从宝宝的眉弓开始绕过宝宝的枕骨粗隆（枕后的最高点），再回到起始点，所得到的周长数值就是宝宝的头围。

（二）关于新生儿的 16 个秘密，你知道吗？

刚出生的小婴儿并没有想象中的那么好看，出生后排出的胎便是墨绿色的，睡着时经常会"咯咯"笑出声来，出生后第 6 天居然开始像蛇一样脱皮……其实这些都是新生儿的正常生理现象，新手爸妈无须太担心。那么，新生儿小小的身躯里究竟蕴涵着多少秘密呢？

1 最初外貌没有想象中的好看

宝宝刚出生时，一颗约占了身长 1/4 的脑袋瓜，一张被羊水浸过的水肿的脸，并没有想象中的那么好看。但一周之后，宝宝的脸蛋舒展开来，不再水肿了，皮肤也褪去了出生时的胎脂，呈粉红色，柔软光滑。怎么看都觉得可爱。

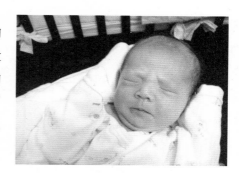

2 视程短

新生儿看东西的最佳距离是 20 厘米，相当于妈妈喂奶时妈妈的脸和宝宝脸之间的距离。新生儿看东西的能力与当时所处的状态有关，他们只在安静觉醒状态时才有看东西的兴趣，而这种安静觉醒状态时间一般在吃奶后 1 小时左右。新生儿一般喜欢看轮廓鲜明和色彩对比强烈的图形，还喜欢看人脸。当你和宝宝面对面对视时，你会发现这时的他（她）往往将眼睛睁得大大的，眼神明亮，而且常常会停住吮吸或运动，全神贯注地凝视你。

3 可能暂时听不见

虽然胎儿在出世前 3 个月耳朵的结构就已经发育完整，但宝宝刚出世的时候还不能听得很清楚。之所以会出现这种情况，是因为还有羊水留在宝宝的中耳里，需要几天的时间才能被吸收掉。

4 温度觉敏锐

新生儿的温度觉比较敏锐，他能区别出牛奶的温度，温度太高或太低他都会作出不愉快的反应，而母乳的温度是最适宜的，所以新生儿吃母乳时总会流露出愉快、满足的表情。新生儿对冷的刺激要比对热的刺激反应强烈，受环境的温度影响很大，如刚换上冷衣服，以及尿湿衣裤和尿布时会出现哭、闹等反应，故妈妈应做好新生儿的保暖工作。

5 触觉敏感

从降临人间的那一天起，新生儿的触觉敏感性就已得到相当的发育。新生儿对身体接触，特别是对手心和脚心的接触非常敏感，所以爸爸妈妈要经常抱抱宝宝，多给他做抚触。

6 呼吸不均

新生儿肺容量较小，但新陈代谢所需要的氧气量并不低，故只能以加快呼吸的频率来满足需要。正常新生儿每分钟呼吸 35 ~ 45 次。由于新生儿呼吸中枢神经不健全，常伴有呼吸深浅、速度快慢不等的现象，表现为呼吸浅快、不匀，这也是正常的。但是，如果你的宝宝每分钟呼吸次数超过了 60 次，或者少于 20 次，就应引起重视了，需要及时去看医生。

7 天生喜欢甜味

宝宝呱呱坠地时，已具有完整的味觉。虽然还没有味道的认知能力，但基本上已能辨别甜、酸、苦等味道，所以宝宝喜欢喝糖水而讨厌吃药。虽然刚出生的新生儿较喜甜的味道，但这并不是说新生儿出生后应喂糖水，恰恰相反，新生儿出生后应早吃母乳、多吃母乳，切忌在开奶前或每次吃每奶前先给宝宝吃糖水，以免影响母乳喂养。

8 排尿量少、次数多

新生儿膀胱小，肾脏功能尚不成熟，因此每天排尿次数多，尿量小。正常新生儿每天排尿 20 次左右，有的宝宝甚至半小时或十几分钟就尿一次。由于新生儿宝宝白天醒着的时间较长，吃奶次数也多，所以排尿量、次也较夜间多些。新生儿尿液的正常颜色应呈微黄色，一般不染尿布，易洗净。如尿液较黄，染尿布，不易洗净，就要给宝宝做尿液检查，看是否有过多尿胆素排出，以便确定胆红素代谢是否异常。

9 生理性黄疸

近乎一半的宝宝在出生第3天后皮肤有黄染，出现黄疸状况。这是因为宝宝在妈妈腹中时，氧气并不丰富，宝宝血液中的红细胞数较多。出生后，氧气突然增多，那些红细胞没有了用处，便在体内自行破坏，并于代谢过程中转化成胆红素，引起黄疸，一般在2周内就可以消退。

10 大部分时间在睡觉

早期新生儿的睡眠时间相对长一些，每天可达20小时以上；晚期新生儿睡眠时间有所减少，每天在16～18小时。新生儿在出生后2周左右即会将大部分睡眠集中在晚上，形成日间睡眠每次2～3小时，而夜间可以一觉睡3～5小时，长的话，甚至还可达到6～7小时。妈妈不要刻意延长或缩短宝宝的吃奶间隔，这一时期的喂养，应遵从按需原则。如果这一时期宝宝无法养成良好的睡眠习惯，夜间睡眠较短，则易使宝宝养成吃夜奶的习惯，对此，妈妈一定要注意。

11 体温

由于新生儿的体温中枢尚未发育成熟，皮下脂肪薄，体表面积相对较大且较易散热，因此，新生儿的体温易随外界环境的温度变化而发生变化。另外，母体子宫内的体温要比一般室内温度要高，新生儿出生后体温都会下降，之后再逐渐回升，并在出生后24小时内达到或超过36℃。因此，新生儿一出生就要对其采取保暖措施，尤其是在冬季，室内温度要控制在26～28℃。

12 胎便

新生儿一般在出生后12小时开始排胎便，胎便呈深绿色、黑绿色或黑色黏稠糊状，这是胎儿在母体子宫内吞入羊水中的部分固体成分以及混合胎毛、胎脂、肠道分泌物而形成的大便。3～4天胎便可排尽，吃奶之后，大便逐渐呈黄色。吃配方奶的宝宝每天排1～2次大便；吃母乳的宝宝大便次数稍多些，每天4～5次。若新生儿出生后24小时尚未见排胎便，则应立即请医生检查，看其是否存在肛门等器官畸形。

13 先锋头（产瘤）

经产道分娩的新生儿，刚刚出生时，头上可能会有一个大包，头形像个橄榄，医生称之为"先锋头"，也叫"产瘤"。出现这种情况，主要是因为在生产过程中，胎儿头部受到产道外力挤压，引起头皮水肿、淤血、充血，颅骨出现部分重叠，使得头部高而尖，像个"先锋"。剖宫产的新生儿，头部比较圆，没有明显的变形，所以就不存在先锋头了。先锋头无需过分担心，出生后数天就会慢慢转变过来。

14 啼哭

新生儿的语言就是啼哭，每日一般4～5次，每次时间较短，累计可达2小时；哭声抑扬顿挫，声音响亮，常常无泪液流出，无伴随症状，不影响饮食、睡眠，玩耍正常。当宝宝出现这样的啼哭时，妈妈最好不要打断宝宝，让宝宝和你"说"一会儿，这是很好的亲子交流。

15 睡觉表情搞怪

新手妈妈会奇怪地发现，新生儿睡着时，一会儿嘴角上翘，一会儿又皱皱眉头，眼皮下的眼球来回不停地动，眼睛闭闭睁睁，嘴一张一合好像在吮吸，有时小嘴撇撇还哭出声来，似乎有什么委屈事一样，有的时候则会"咯咯"地笑出声来，似乎有高兴的事一样。总之，小家伙的面部表情极其丰富。宝宝在睡眠的过程中之所以会出现这样丰富的表情和动作，是因为宝宝的身体睡着了而大脑还醒着，这些表情、动作并未通过大脑皮层指令，而是大脑皮层下的中枢神经活动而已。待宝宝再大一些的时候，这些现象也会逐渐减少以至消失。

16 生理性红斑

新生儿出生头几天，可能会出现生理性红斑。红斑的形状不一、大小不等、颜色鲜红、分布全身，以头面部和躯干为主。新生儿无不适感，但一般几天后即可消失，很少超过1周。新生儿出现生理性红斑时，还会伴有脱皮现象。生理性红斑对新生儿健康没有任何威胁，不用处理，可让其自行消退。

2 新生儿的日常护理

（一）聊聊如何抱新生儿？

学会科学地抱宝宝，是新手妈妈必须掌握的一课。温柔地抱着自己的宝宝，是妈妈释放母爱的一个不可替代的方式，也是新生儿感受美妙世界、沐浴妈妈的爱、获得心智成长的需要。

1 抱新生儿须遵循的 4 项原则

① 第一时间抱抱新生儿

新生儿出生 2 小时之内开始吸吮妈妈的乳头，感受妈妈温暖的拥抱和爱抚，这是母子建立终身依恋关系的第一步。妈妈把新生儿抱在怀里，让他能听到妈妈心脏的跳动声、闻到妈妈的体味、吸吮到妈妈的乳汁，让新生儿感到安全和放松。

② 支撑新生儿的头

新生儿的小脖子并不是生下来就能竖起来的，妈妈在抱新生儿时一定要让他的头有所依靠。轻轻地把小脑袋放入肘窝里，小臂及手托住宝宝的背和腰，用另一只手掌托起小屁股，呈横抱或斜抱的姿势，使他的腰部和颈部在一个平面上。

③ 竖抱时间不可过长

新生儿越小，竖着抱的时间越要短。竖抱的正确方法是：一只手托住他的臀部和腰背，另一只手托住宝宝的头颈部或让他依附在妈妈的肩膀上，最初控制在两三分钟，否则新生儿会不堪重负的。

④ 不要用力摇晃柔弱的新生儿

在生活中，看到一些爸妈喜欢抱着自己的宝宝来回摇晃，但需要注意的是，新生儿头部的髓磷脂还不能胜任保护大脑的工作，抱着新生儿用力摇晃会造成其头部毛细血管破裂，甚至导致死亡。所以即使要摇新生儿也应十分轻柔。

2 如何抱起新生儿?

当宝宝醒来或者哭闹需要抱起时，你可以这样做：

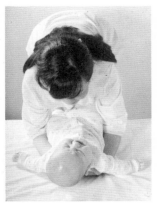  

①当宝宝仰卧在床时，把一只手轻轻放在他的下背部及臀部下面。

②妈妈的另一只手轻轻放在他的头颈部下方。

③轻柔且缓慢地抱起宝宝，让他的身体有所依靠，这样头才不会往后耷拉。

3 如何放下新生儿?

当需要把宝宝放在床上时，你可以这样做：

①把一只手置于宝宝的头颈部下方，用另一只手抓住其臀部，缓慢且轻柔地放下，手要一直扶住他的身体，直到其重量已完全落到床褥上为止。

②从宝宝的臀部轻轻抽出你的手，用这只手稍稍抬高他的头部，使你能够轻轻抽出另一只手，再轻轻地放低他的头。

4 不同情况用不同方式抱宝宝

当面对宝宝的不同情况时，妈妈可以这样做：

①当宝宝情绪不好时，面向里竖抱。因为此时嘈杂的外部环境和视听觉刺激，会让他感到有压力。

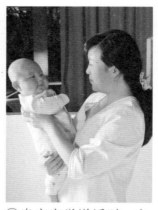

②当宝宝学说话时，应和妈妈面对面交流。在倾听妈妈说话的过程中，宝宝能在不知不觉间完成对词汇量的储备。

③当宝宝醒着时，面向外竖抱。可使宝宝的视野范围和妈妈一致，有助于妈妈随时将自己看到的景象描述给宝宝听。

④当宝宝哭闹时，应试着让他趴在妈妈怀里。妈妈同时还可以哼唱一首简单的童谣，并跟着节奏轻轻摇晃宝宝。

⑤当宝宝困倦时，可以让他躺在妈妈臂弯里。为了让宝宝安稳地入睡，妈妈应尽量用臂弯给宝宝架设一张舒适的小床。

⑥当宝宝学走路时，应托住其腋下，给宝宝支撑。宝宝腿部力量还很弱，此时妈妈要助宝宝一臂之力。

（二）脐带护理很重要，掌握这些就够了

当宝宝还在妈妈的肚子里时，脐带就成为了连接宝宝和妈妈的纽带，为宝宝输送营养。在宝宝诞生后，脐带的使命也宣告完成了，因而被切断成仅剩1厘米左右的蓝白色残端，几小时后变为棕白色，接下来会逐渐干枯、变细、变黑，3～7天后便会脱落。在这之后，由于脐内的血管收缩，脐部皮肤向内牵拉而凹陷，形成脐窝，也就是我们所说的"肚脐眼"。对于这个小小的"肚脐眼"，爸爸妈妈千万不要疏忽，若宝宝出生后，不好好护理"肚脐眼"，便会引起发炎，给宝宝和新手爸妈带来一系列的麻烦。

1 脐带脱落前的护理

在正常情况下，脐带会在出生后3～7天内脱落。在脐带脱落前，脐部很容易成为细菌繁殖的温床。这是因为脐带被切断后形成了创面，这是细菌侵入新生儿体内的一个重要门户，轻者可造成脐炎，重者则导致败血症和死亡，所以脐带的消毒护理十分重要。

在护理宝宝脐带时应注意：在脐带脱落前，需保持局部清洁干燥，特别是尿布不要盖到脐部，以免排尿后弄湿脐部创面；要经常检查包扎的纱布外面有无渗血，如出现渗血，则需重新结扎止血。若无渗血，只要每天用75%的酒精棉签轻拭脐带根部，待其自然脱落即可。

2 新生儿脐带不脱落怎么办?

一般情况下，宝宝的脐带会慢慢变黑、变硬，3～7天脱落。假如宝宝的脐带2周后仍未脱落，要仔细观察脐带的情况，只要没有感染迹象，如没有红肿或化脓，没有大量液体从脐窝中渗出，就不用担心。另外，可以用酒精给宝宝擦拭脐窝，使脐带残端保持干燥，以加速脐带残端的脱落和肚脐愈合。

3 新生儿脐带有分泌物怎么办?

愈合中的脐带残端经常会渗出一些清亮的或淡黄色黏稠的液体，这属于正常现象，爸爸妈妈不必过于担心。脐带自然脱落后，脐窝会有些潮湿，并有少许米汤样

液体渗出，这是由于脐带脱落的表面还没有完全长好，肉芽组织里的液体渗出所致，用75%的酒精轻轻擦干净即可。一般一天擦拭1～2次即可，2～3天后脐窝就会干燥。假如肚脐中渗出的液体像脓水或有恶臭味，说明脐部可能出现了感染，要立即带宝宝去医院检查。

4 如何保持新生儿肚脐干爽?

宝宝的脐带脱落前或刚脱落脐窝还没干燥时，一定要保证脐带和脐窝的干燥，因为即将脱落的脐带是一种坏死组织，很容易感染细菌。妈妈可以利用纱布来保证新生儿肚脐部位的干燥，方法如下：

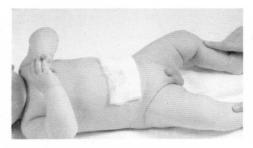
①用裁剪好的纱布包围住肚脐。

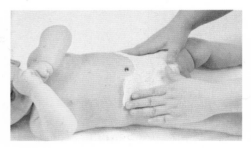
②将纱布右侧从纵向折叠。

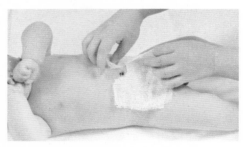
③另一边的纱布也纵向折叠。

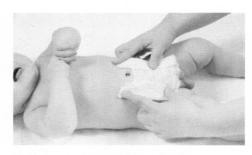
④将纱布的上下方都折叠起来。

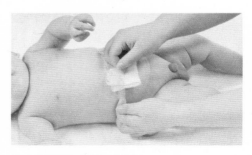
⑤在两侧贴上胶布固定。

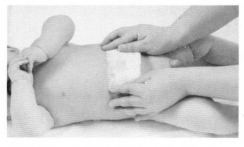
⑥宝宝的小肚脐已经用纱布保护好啦。

（三）尿片选择——纸尿裤、尿布大比拼

尿片分为纸尿裤和布尿布两种。相对于尿布，纸尿裤更加方便，不用清洗，而且吸水性强，使得现在大多的家庭都更青睐于纸尿裤。其实纸尿裤和尿布都有各自的优点，都可以作为选择，接下来对纸尿裤和尿布来个深入了解吧。

1 如何选购纸尿裤？

科学技术的进步通常能给我们带来更美好、更便利的生活，如果问妈妈什么是人类最好的发明，她们肯定会说——纸尿裤。纸尿裤不仅能为宝宝的肌肤提供一个干爽的环境，使他们享受更充分的睡眠，而且能将妈妈们从烦琐的重复性劳动中解放出来，使她们有时间努力工作、有精力享受生活。

（1）购买时应先注意包装上的标志是否规范

根据我国轻工业行业标准关于纸尿裤的规定，纸尿裤的销售包装上应标明以下内容：产品名称、采用标准号、执行卫生标准号、生产许可证号、商标；生产企业名称、地址；产品品种、内装数量、产品等级；产品的生产日期批号。

（2）通过试用来做最合适的选择

每家厂商都有自己个性化的设计，妈妈可以根据宝宝的实际情况和自己喜好来选择。最实用的方法是刚开始的时候少量购买，然后根据以下纸尿裤"好用"的参考标准来检查所购买的纸尿裤，看看效果再决定最终长期购买的品牌及产品。

纸尿裤"好用"的参考标准：

1 **合身舒适：** 宝宝每天穿着的纸尿裤合身贴体最重要，有弹性设计的纸尿裤能够很好地配合宝宝活动，避免红印和摩擦。

2 **吸收量大：** 这样可以减少更换频率，不会打扰睡眠中的宝宝，而且快速吸收能够减少尿液与皮肤接触的时间，自然就减少了宝宝患尿布疹的几率。

3 **干爽不回渗：** 如果屁股老是接触湿湿的表层，宝宝一定不舒服，且容易长尿布疹。

4 **透气不闷热：** 透气性是保护宝宝稚嫩肌肤的重要条件。

（3）尽量使用知名品牌的纸尿裤

纸尿裤直接接触宝宝皮肤，选择知名品牌，材料质量和生产卫生环境比较有保障，更加放心。

（4）选好购物地点，让你买到放心产品

在给宝宝选购纸尿裤时，妈妈应尽量在有信誉的大商场或超市购买，因为大商场或超市的进货渠道更有保证，更易给宝宝买到优质的纸尿裤。

2 如何穿、脱纸尿裤?

给宝宝穿纸尿裤的方法：

①将纸尿裤的一方向宝宝的肚子上方牵拉，使其左右保持对称。

②将尿布展开，一手提起宝宝双脚，使宝宝屁股抬起，另一只手将新的纸尿裤放到宝宝的屁股下面。

③撕开纸尿裤一侧的小耳朵，粘在纸尿裤适合宝宝腰围的位置。

④撕开纸尿裤另一侧的小耳朵，粘在纸尿裤适合宝宝腰围的位置。

⑤妈妈还可用两只手指插入宝宝肚脐下的纸尿裤处，检查纸尿裤的腰围大小是否合适。若不合适，可调整纸尿裤的合适度。

给宝宝脱纸尿裤的方法：

①先将宝宝放在床上，将
宝宝的外裤脱下。

②妈妈将宝宝纸尿裤的两
侧用手撕开。

③一手提起宝宝双脚，另
一只手拉住纸尿裤，将脏
纸尿裤取下并卷起。

3 使用纸尿裤的注意事项

在使用纸尿裤的时候，爸爸妈妈还要注意以下几点：

① 有过敏现象应立即停止使用

如果发现宝宝的皮肤发红，可尝试换另一个牌子的纸尿裤，因为宝宝的皮肤有个体差异，体质也不同，所以适用的品牌和产品也不同。另外，也可使用最传统的尿布来过渡。

②纸尿裤胶条的使用需小心

使用宝宝护肤品如油、粉或沐浴露等时，应特别注意不要让它们沾在胶条上，以免其粘力降低。若是选择无胶腰贴的纸尿裤，即使沾到也不影响。另外，无胶腰贴的一大好处就是不必担心粘到宝宝嫩嫩的皮肤。

③个人卫生应做好

在更换纸尿裤前，妈妈应将手彻底清洗干净，避免手中的细菌接触宝宝的皮肤，可能会导致宝宝生病。

④纸尿裤存放有方法

应将纸尿裤保存在干燥通风、不受阳光直射的室内，防止雨、雪和地面湿气的影响，也不得与有毒化学品共贮。

4 传统尿布的使用方法

传统尿布并非像人们所说的那样一无是处，它还是有很多优点是纸尿裤不能完全替代的，如：

1 传统尿布是棉布制品，不容易使小宝宝稚嫩的皮肤过敏。

2 传统尿布可以反复利用，经济实用，很适合刚出生的宝宝，因为他们在这一时期使用量特别大。

3 使用传统尿布还可以促使父母重视训练宝宝排便的习惯。及早训练排便习惯有利于婴幼儿大脑神经细胞之间的连通，增强神经对肌肉的控制能力，促进大脑的活动和发育。

纸尿裤和传统尿布各有千秋，没有必要把传统尿布完全抛弃。聪明妈妈的做法是，把纸尿裤和传统尿布巧妙交替使用，也就是夜里为了小宝宝睡得安稳，或带宝宝外出的时候使用纸尿裤；白天居家有人照顾时，可考虑使用传统尿布。

在给宝宝穿传统尿布时，可以采取以下方法：

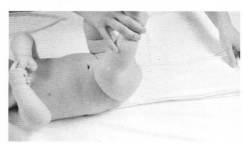

①将尿布先折叠好，再将尿布的一端垫到宝宝的屁股下方。

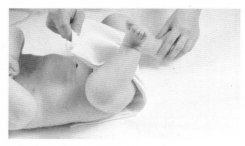

②将尿布的另一端往宝宝腹部拉起。

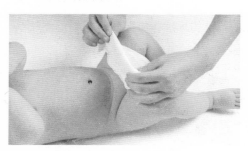

③将尿布的顶端向内折叠。

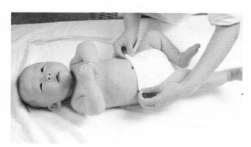

④将折叠好的尿布拉至宝宝腹部展平。

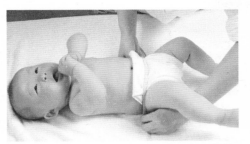

⑤将松紧带放在已经折好的尿布上，轻轻抬起宝宝的小屁股和尿布。

⑥将松紧带放于尿布下，最后将松紧带的两端系牢即可。

5 正确地清洗宝宝的尿布

尿布的清洗与新生儿的健康有着密切的关系。尿布清洗方法不当，可导致新生儿发生尿布疹。妈妈可按照下列方法清洗宝宝的尿布：

1 首先，新生儿的尿布在每次大小便后均要清洗，最好是用一块清洗一块。为省事方便，也可将尿布集中起来清洗，但一次不能洗得太多，以免洗不干净。

2 清洗小便的尿布时，可先用清水（最好是用热水）浸泡片刻，再清洗2～3遍，拧干后，再用开水烫一遍。

3 如果是有大便的尿布，先用凉的清水和刷子将尿布上的大便洗刷掉，再将中性肥皂擦在尿布上，放置20～30分钟后再用开水冲烫，待水冷却后再搓洗干净，

4 以尿布上无大便的黄色痕迹为准，最后再用清水冲洗2～3遍，以便将残留在尿布上的肥皂冲洗干净，避免对新生儿皮肤产生刺激。

5 尿布洗干净后，最好是放在太阳下面晒干，使尿布干爽，可达到消毒杀菌的目的。

6 如条件不允许，如遇到梅雨天无条件晾晒时，也不可用炉火烘烤，以免尿布返潮刺激皮肤。可以用熨斗烫干，这样尿布不易返潮，较为干爽舒适，又可达到消毒的目的。

（四）新生儿睡觉传递的信息，妈妈你要懂

其实，新生儿睡觉也会传达给妈妈很多信息，细心的妈妈捕捉到这些信息了吗？

1 新生儿不同睡眠状态的护理要点

新生儿的大脑皮层兴奋性低，外界的刺激对新生儿来说都是过强的，因此持续和重复的刺激易使其疲劳，致使皮层兴奋性更加低下而进入睡眠状态。所以在新生儿期，宝宝除了饿了要吃奶而醒来，哭闹一会儿外，几乎都在睡觉。睡眠可使大脑皮层得到休息而恢复其功能，对宝宝健康是十分必要的。随着大脑皮层的发育，小儿睡眠时间会逐渐缩短。心理学家仔细观察、研究了新生儿睡眠，按程度分为：活动睡眠（浅睡）状态、安静睡眠（深睡）状态及困倦状态。

活动睡眠（浅睡）状态

安静睡眠（深睡）状态

困倦状态

新生儿睡眠按程度不同分为

（1）活动睡眠状态

宝宝虽然两眼闭着，但偶尔会把眼睛微睁开，手和脚会动一下，脸上还会做出一些表情，如皱眉、微笑等。如果呼吸逐渐不规则而且稍加快，这表明宝宝快醒了。

> 照料要点：
>
> 不要误以为宝宝醒了，其实宝宝仍在睡眠中。如在这时给他换尿布、喂奶，宝宝会因没睡足而情绪很坏，哭闹不止，此状态时，妈妈最好不要叫醒宝宝。

（2）安静睡眠状态

宝宝身体及脸部松弛自如，除了偶尔惊跳一下或极轻微的嘴角动以外几乎没有什么活动；眼睛紧闭，呼吸均匀并变慢，完全没有任何反应。

> 照料要点：
>
> 尽量让光线暗一些，让宝宝安静舒适地充分休息，即使已经到了喂奶时间，只要宝宝没有醒就不要硬把他叫醒，这样宝宝的大脑会比较放松，夜里也不易哭闹，同时还可促进脑垂体分泌生长激素，使宝宝长得更快。

2 新生儿应取什么睡姿?

睡眠姿势可分为仰卧、俯卧、侧卧。大多数妈妈喜欢让宝宝仰睡,但仰睡有两个缺点:一是呕吐时易被呕吐物塞噎喉咙;二是仰卧时总朝一个方向睡,会引起头颅变形,形成扁头,影响头形美观。其实宝宝睡姿很讲究,下面给新手妈妈分析一下宝宝一些错误睡姿和纠正方法。

1 摇睡

一些父母习惯将宝宝抱在怀中或放入摇篮里摇睡。摇晃动作会使宝宝的大脑在颅骨腔内不断晃荡,未发育成熟的大脑会与较硬的颅骨相撞,造成脑小血管破裂。

2 陪睡

宝宝出生后,应尽量让他独自入睡。因为妈妈熟睡后稍不注意就可能压住宝宝,造成宝宝窒息。长期陪睡,宝宝还易出现"恋母"心理,对宝宝的身心发展非常不利。

3 俯睡

俯睡对宝宝来说最为危险。宝宝还不会翻身及主动避开口鼻前的障碍物,加上消化器官发育不完善,胃内压增高时,胃中的食物就会互流,阻塞呼吸道,造成窒息。

4 裸睡

宝宝体温调节功能差,裸睡时腹部容易受凉,使肠蠕动增强,导致腹泻。夏季最好在宝宝胸腹部盖一层薄薄的衣被,或穿上小肚兜睡。

5 搂睡

搂睡会使宝宝难以呼吸到新鲜空气,甚至会造成窒息等严重后果;易使宝宝养成醒来就吃奶的坏习惯,从而影响食欲与消化功能;限制了宝宝在睡眠时的自由活动,影响正常的血液循环。

6 睡软床

睡软床,一是当宝宝来回翻动时易被柔软的被褥或枕头等堵住口鼻,从而发生窒息;二是不利于宝宝头颈部及上肢活动,尤其是不利于脊柱的三个生理弯曲的形成。

3 从宝宝睡眠习惯看健康

睡眠对宝宝的成长有很大的意义，妈妈一定要注意观察宝宝睡觉时的状况，这有助于发现宝宝的身体是否存在问题。

（1）睡觉时突然手脚抽搐

一些宝宝睡觉时会有惊厥的情况，需要向各位妈妈说明的是，医学上的惊厥与我们常说的惊醒、惊吓是不一样的。如果你的宝宝在睡觉时突然手脚抽搐，可能就是惊厥的表现。小儿惊厥常见的有两种，一种是发热惊厥，这类惊厥一般出现时间较短，在1分钟左右，它的出现都是由发热引起的，这时宝宝的体温一般在38.5℃以上，3岁前的儿童都很常见。如果不是发热引起的惊厥，同时还有面色发青、发紫等情况，则需要入院确诊宝宝是否患有癫痫。

（3）嗜睡不爱动

一些宝宝明显睡得很多，动得少、吃得少，大便也比较少，有明显的黄疸，这可能是甲状腺功能低下的表现，一定要及时就医。如果是先天性的，3个月前不及时治疗，就可能影响到宝宝的智力。如果嗜睡、不爱动的同时伴随着发热的症状，则有可能是脑炎的表现，也要及时就医。要提醒妈妈们的是，宝宝如果只是在一些特定时间，比如生病的恢复期嗜睡，病好后恢复正常睡眠，是不需要担心的。

（2）睡眠时间特别少

除了睡觉时的表现，睡眠的时间长短也是有讲究的。新生儿每天要睡18个小时左右，2～3个月的宝宝每天睡16个小时左右，4～6个月的宝宝睡14小时左右，7个月到1岁的宝宝睡12小时左右。但我们不能教条地计算宝宝的睡眠时间，因为睡眠时间的长短也有个体差异。上面提到的时间，只是一个基本的参考数据，多一点、少一点都没有关系，但是如果宝宝的睡眠时间和这个参考数据的差距大于2个小时，就要引起注意了，有可能是缺钙的表现。

（4）醒后啼哭超过半小时

如果宝宝惊醒后啼哭超过半个小时，妈妈怎么哄都没用，可能是宝宝不舒服了。宝宝因为做梦被惊醒而哭泣的时间一般都不会很长，只要大人哄一哄、逗一逗就没事了，但如果怎么哄都没用，并且长时间哭泣，就可能是宝宝有肠绞痛的症状（由于宝宝的小肠比较长，所以容易有肠绞痛、肠痉挛等情况发生），如果不及时治疗可能会引起肠坏死。

（5）宝宝睡觉时老哼哼不是病

宝宝有时在睡觉时扭动身体，并且发出哼哼声，好像身体不舒服，可睡醒后又一切如常，这是病吗？睡觉哼哼不是病。正常宝宝在浅睡眠（活动睡眠）状态下都会有以上表现，不是病态。

宝宝睡觉哼哼，可能是因为：

1 宝宝的情感世界很丰富，他也可能是在做梦。

2 宝宝对湿尿布的刺激感到不舒服。

3 厌烦某一种睡姿，于是宝宝就会扭动身体，发出哼哼声，乃至以哭泣来表达。

4 对睡眠环境不满意，如噪声、室温、空气不新鲜等。

5 胃肠道不舒服，比如饥饿、吃奶时胀气等。

宝宝睡觉哼哼，妈妈该怎么办呢？不必惊慌，也不必不停地摇晃宝宝，可以让宝宝换个体位睡，如侧卧位、俯卧位置（俯卧位时妈妈一定要陪在宝宝身边，以防发生窒息等意外），并轻轻抚摩背部，使宝宝感到安全和踏实。

如果宝宝睡觉时总是扭动身体，并且鼻尖上有汗珠，身上潮乎乎的，应注意室内温度是否过高，或是否包裹得太多、太紧，宝宝可能是因为太热而睡不安稳。这时应降低室温，减少或松开包被，解除宝宝过热感。

如果宝宝小脚发凉，则表示是由于保温不足而睡不安稳，可加厚盖被或用热水袋在包被外面保温。

尿布湿了，或没有吃饱等也会影响睡眠，应当及时更换尿布，用温水洗净臀部。

宝宝吃饱后轻拍其背部，让他嗝出随吃奶而进入胃内的空气，这样宝宝一般都会满足地入睡的。

（6）宝宝是否存在睡眠障碍？

对小宝宝来说，睡眠直接影响着身体健康和生长发育。在睡眠中，宝宝体内会分泌出一定的生长激素，能够促使宝宝长高；如睡眠不好，生长激素分泌就会减少，影响宝宝发育，因此爸爸妈妈都希望宝宝每天都能拥有好睡眠。

睡眠不好会对婴幼儿健康产生如下不利影响：

1. 对脑发育的影响：影响记忆力、注意力、认知的发展，可引发宝宝癫痫病症，导致精神发育异常。

2. 对体格发育的影响：影响生长激素的分泌，宝宝长不高，抵抗力下降，容易生病，肥胖的几率增高。

3. 对心智发育的影响：睡眠不好的宝宝容易冲动、好发脾气、偏激；长大后容易有注意力障碍（多动症）、阅读障碍、书写障碍；逻辑思维能力差、逻辑推理能力差、抽象思维能力差；易患孤独症、精神性疾病，容易形成网瘾，少年犯罪发生率明显高于睡眠良好的宝宝。

看到这儿，妈妈是不是特别担心宝宝会出现睡眠障碍？
别着急，先来给宝宝做个测试吧，看看宝宝是否存在下列情况：

1. 入睡时间大于 30 分钟（入睡困难）。

2. 频繁夜醒（每次持续睡眠小于 3 小时）。

3. 喜欢抱着睡、摇晃睡、含乳头睡、握着手睡等，一放到床上不久就会醒。

4. 睡眠中容易惊跳，而后大哭。

5. 特别"胆小"，听到稍微响的声音就会惊跳。

6. 感觉宝宝脾气特别大，情绪比较烦躁，容易哭闹。

7. 24 小时睡眠时间不足 16 小时、昼夜颠倒。

如果宝宝出现以上几项中的任何一项，则说明宝宝存在睡眠障碍。那么，宝宝怎么才算睡得好呢？

4 纠正偏头：好头形睡出来

宝宝出生后，头颅都是正常对称的，但由于此时宝宝的颅骨正处于发育阶段，颅骨软，颅骨的边缘部分还没有骨化，颅缝还没有闭合，加上宝宝每天的睡眠又占了一大半甚至2/3的时间，所以宝宝头骨在发育过程中极易受睡眠姿势的影响。不正确的固定的睡眠姿势会造成头形的改变，也就是常说的"睡偏头"，异常的头形不仅影响美观，还会影响大脑的发育。预防和纠正"睡偏头"的方法很简单，即宝宝的头部不要长期处于同一种姿势，应该要给宝宝不断更换左右侧卧和仰卧的姿势。此外，纠正宝宝"偏头"还可以参照以下办法：

NO.1 用定型枕

在宝宝睡偏的一侧用比较松软的东西将其垫高一些，使宝宝头部不能随意偏向该侧。或去婴童专卖店里买个定型枕，效果也是不错的。

NO.2 自制米袋，固定宝宝睡姿

若宝宝已习惯于某种睡姿，对纠正后的睡姿不能长时间保持，或经常翻回到原来的睡姿，这个时候就比较难办了。妈妈可自制一个米袋，放在宝宝的后枕部以固定其头部。若宝宝是"左偏头"，就让宝宝朝右侧睡，如果是"右偏头"，则让其朝左侧睡。米袋最好用柔软纯棉布料制作，适当地做大一些，里面装入适量的大米（米要在锅里炒熟），再将袋口扎紧，然后用两层棉布包裹米袋，以防漏米。

NO.3 妈妈积极引导

宝宝睡觉时容易习惯于面向母亲，不喂奶时也喜欢把头转向母亲一侧。为了不影响宝宝颅骨发育，母亲应该经常和宝宝调换睡觉位置。这样一来，宝宝就不会把头转向固定的一侧啦。

（五）认识宝宝的便便

新生儿的大便很多情况下能反映宝宝的健康状况，因此，宝宝的大便，新手爸妈要会看。

1 宝宝大便的颜色

宝宝大便的颜色并不是一成不变的。随着宝宝的生长发育，便便的颜色在各个阶段均会有所不同哦，新手爸妈不必因此而感到奇怪。

NO.1 新生儿胎便：墨绿色

刚生下来的宝宝，出生后 12 小时内会拉出墨绿色胎便。胎便通常没有臭味、状态黏稠、颜色近墨绿色，主要由胎内吞入的羊水和胎儿脱落的分泌物等组成。

特别提示：早产儿排胎便的时间有时会有所推迟，主要和早产儿肠蠕动功能较差或宝宝进食延迟有关。

NO.2 过渡期大便：黄绿色

待排净胎便，向正常大便过渡时的大便呈黄绿色。多数新生儿在吃奶 2 ~ 3 天后大便呈现这一颜色，然后逐渐进入黄色的正常阶段。

特别提示：新生儿喂养开始的时间和奶摄入量会直接影响过渡便出现和持续的时间。若开奶延迟，过渡便出现的时间也会推迟。

NO.3 吃辅食后的大便：颜色较暗

宝宝从 4 ~ 6 个月的时候开始添加辅食，随着宝宝辅食数量和种类的增多，宝宝的大便开始慢慢接近成人，变得颜色较暗。大便的颜色有时会与食物颜色有关，妈妈不必为之担心。

特别提示：吃较多蔬菜、水果的宝宝，大便会较蓬松。如果是鱼、肉、奶、蛋类吃得较多的宝宝，因为蛋白质消化的问题，大便就会比较臭。

2 拉这样的便便，就要注意了

通过观察宝宝便便是可以初步判断宝宝的健康状况和营养状况。宝宝出现下列情况时，妈妈一定要高度重视：

NO.1 新生儿 24 小时不排便

新生儿若 24 小时都没有排便，妈妈们应尽快带宝宝去医院检查。

应对措施：请医生检查宝宝是否有消化道先天畸形。

NO.2 新生儿灰白便

宝宝从出生起拉的就是灰白色或陶土色大便，一直没有黄色，但小便呈黄色。

应对措施：赶紧去看医生，这很有可能是先天性胆道梗阻所致。

NO.3 豆腐渣便

大便稀，呈黄绿色且带有黏液，有时呈豆腐渣样。

应对措施：可能是患有霉菌性肠炎，患此症的同时还会患有鹅口疮。如宝宝有上述症状，需到医院就诊。

NO.4 绿色稀便

大便次数多，量少，呈绿色或黄绿色，含有胆汁，带有透明丝状黏液。

应对措施：这是由喂养不足引起的，这时只要给足营养，大便就可以转为正常。

NO.5 油性大便

粪便呈淡黄色，液状，量多，像油一样发亮，在尿布上或便盆中如油珠一样可以滑动。

应对措施：这表示食物中脂肪含量过多，多见于人工喂养的宝宝，需要适当增加糖分或暂时改喂低脂奶等。

NO.6 臭鸡蛋便

大便闻起来像臭鸡蛋一样。

应对措施：表示宝宝蛋白质摄入过量，或者蛋白质消化不良。应该注意配方奶浓度以及进食是否过量，可适当稀释奶液。

NO.7 蛋花汤样大便

大便闻起来像臭鸡蛋一样。宝宝每天大便 5 ～ 10 次，含有较多未消化的奶块。

应对措施：如为母乳喂养则应继续，不必改变喂养方式，也不必减少奶量及次数；如为混合或人工喂养，需适当调整饮食结构，可在奶粉里多加一些水将奶液配稀些。

（六）要给早产儿更多的呵护

医学上将未满 37 孕周出生的宝宝称为早产儿。大多数早产儿的体重低于 2.5 千克，身长不足 46 厘米。由于早产儿发育不够成熟，出生后会在医院的新生儿监护中心进行特别护理和治疗。

虽然早产儿在妈妈的肚子里没有待够足够的时间，抵抗力和营养吸收的能力都较低，但他们却依然要在生长和发育上与足月儿们"并驾齐驱"。所以，这意味着出院后妈妈要在宝宝养护上更用心、花更多的精力。

1 精心喂养

营养是生长发育的基础，早产儿更需要母乳喂养。好在早产母亲的奶中所含各种营养物质尤其是氨基酸较足月母亲的多，能充分满足早产儿的营养需求。

2 预防接种

当宝宝体重达到 2.5 千克的时候，可以考虑实施预防接种。后续的预防接种应该由医生为您的宝宝制定特殊的时间表。

3 防止感染

除专门照看宝宝的人外，最好不要让其他人走进早产儿的房间，更别将宝宝抱给他人看。专门照看宝宝的人在给宝宝喂奶或做其他事情时，要换上干净清洁的衣服（或专用的消毒罩衣），洗净双手。妈妈患感冒时，应戴口罩哺乳，哺乳前应用肥皂及热水洗手，避免交叉感染。

4 注意保暖

要注意对早产儿的保温问题，宝宝体温应保持在 36 ~ 37℃。

5 抚触

抚触能促进宝宝的智力发育，减少哭闹；而腹部的按摩可以使宝宝的消化吸收功能增强。

（七）如何给新生儿洗澡？

在新手妈妈生下宝宝后尚未出院时，会有护士专门负责给宝宝洗澡。可是，一旦出院，给宝宝洗澡的任务就落到新手爸妈身上了。下面，我们就一起来看看给宝宝洗澡的方法及注意事项吧。

1 准备工作要做好

在给宝宝沐浴前，妈妈要准备好相关的用品。

▶ 首先，准备好沐浴用品，如宝宝的衣服、浴巾、包被、纸尿裤、毛巾、澡盆等。

▶ 其次，在给宝宝洗澡的时候，室温最好控制在 24℃左右，水温保持在 37 ~ 38℃。

2 具体操作方法

NO.1

脱下宝宝的衣服，让宝宝仰卧，用左手托住其枕部，拇指及中指将宝宝双耳向前按，贴于耳前脸上，这样可以防止宝宝耳内灌水。

NO.2

将宝宝的臀腰部夹在腋下，其背部放在左前臂上，固定好后，右手将毛巾浸入温开水中，先清洗宝宝双眼分泌物、耳后、颈，再清洗胸、背、双腋窝、双上肢及双手（注意不要弄湿脐带）。

NO.3

将宝宝倒过来，使宝宝的头顶贴在妈妈的左胸前，用左手抓住宝宝的大腿，右手用浸水的小毛巾先清洗会阴腹股沟及臀部（女宝宝一定要从前向后洗），然后清洗下肢及双脚。

NO.4

最后，在给宝宝洗完澡以后，一定要立刻用浴巾裹住宝宝，轻轻擦干后围上尿布，穿上衣服，裹在包被中即可。但不要裹得太紧，让他可以自由地活动，有利于宝宝的呼吸和血液循环。

为新生儿洗澡时，应彻底洗净腋窝、颈部、腹股沟等处的胎脂，以减少其对皮肤的刺激。如果皮肤有破溃，最好不要使用粉剂药物及龙胆紫，因其只能起到干燥表皮的作用。皮肤破溃处宜用温水洗净、擦干，将适量的鞣酸软膏均匀轻柔地涂抹，每日 2 次，可起到隔水、干燥及止痛等作用，避免感染加重。

③ 新生儿的喂养

（一）喂养要点

现在，我们就一起来看看新生儿的各项身体发育指标吧。不过要提醒新爸爸新妈妈的是，下面表格中的数据只是一个参考标准而已。每个宝宝都有自己特定的成长轨迹，跟标准略有些偏差也是正常的。

1 怎样判断宝宝喂养是否得当？

无论采用哪种方式对宝宝进行喂养，都可以根据以下 3 点来对宝宝喂养是否得当进行判断：

NO.1

宝宝在吃完奶后，神情安静，不哭闹，精神好，睡得好，大便正常，则说明宝宝吃饱了。

NO.2

如果宝宝在吃奶时很费劲，吮吸不久就睡着了，睡了不到一两个小时又醒来哭闹，或有时吮吸乳头一会儿就把乳头吐出哭闹，体重也不增加，则说明宝宝没有吃饱。

NO.3

喂养得好的宝宝体重增长有规律。一般在满月时，男婴可以增重约 800 克，女婴可增重约 700 克。这是每周增重 200 克左右的标准。

2 宝宝如何传达饱、饿信息？

新妈妈对宝宝的饱饿状况总是不太清楚，往往以为宝宝哭就是饿了，睡着了就是吃饱了。事实上，宝宝会通过他的举动向你传达饱、饿的信息，你捕捉到了吗？

宝宝饿了，他就会：饥饿性哭闹；用小嘴找乳头；当把乳头送到嘴边时，会急不可待地衔住，满意地吮吸；吃得非常认真，很难被周围的动静打扰。

宝宝饱了，他就会：吃奶漫不经心，吮吸力减弱；有一点动静就停止吮吸，甚至放下乳头，寻找声源；用舌头把乳头抵出来，放进去还会再抵出来，再试图把乳头放进去时，他会转头不理你。

（二）不要浪费珍贵的初乳

初乳指分娩后 5 天内乳房分泌的乳汁，与白色、水样的成乳相比，初乳略带黄色、有黏性，而略带黄色是富含胡萝卜素的缘故。初乳之所以重要，除了富含宝宝生长发育需要的丰富营养外，更主要的原因是其具有极强的免疫功能，能增加宝宝抗病能力。具体来说，初乳的珍贵之处体现在以下几点：

1 溶菌酶含量极高

溶菌酶是宝宝成长必不可少的蛋白质，它在抗菌、避免病毒感染、维持肠道内菌群正常化以及促进双歧杆菌增殖等方面都发挥着重要的作用。

2 含有丰富的微量元素

初乳中含有丰富的锌等微量元素，对促进宝宝的生长发育特别是神经系统的发育十分有益。

3 初乳中含有大量乳铁蛋白

初乳中乳铁蛋白的含量很高，它可结合宝宝体内的铁，避免细菌代谢所造成的铁流失，从而控制机体内铁的水平；还能将铁运送到合成各种含铁蛋白质（如血红蛋白、肌红蛋白等）的地方，进而达到抑制细菌生长、抵抗多种细菌性疾病的目的，起到抗感染、中和毒素的作用，从而增强宝宝的抗病能力。

4 初乳含有大量免疫物质

初乳中含有大量的免疫物质，这些物质可吸附在病原微生物或毒素上，从而起到保护新生儿娇嫩的消化道、呼吸道以及肠道黏膜的作用，防止新生儿患呼吸道及肠道疾病。

（三）正确的喂哺姿势

　　母乳喂养，妈妈首先要学会怎么哺乳。正确的喂哺姿势是妈妈和宝宝都感觉舒服的姿势，如果喂养姿势不对，对宝宝来说"吃饭都难受"，还可能引起中耳炎、口腔疾病等。而对于妈妈来说，错误的喂养姿势则会导致自己腰酸背痛。以下为新妈妈们介绍一下正确的喂哺姿势，可以跟着学习起来。

　　在喂哺宝宝时，需注意以下细节：

1　妈妈的姿势

　　在椅子上哺乳时，可以在椅子前面放一个矮脚凳。这样你可以双脚踩在上面以抬高腿部，当你坐在床上，可以在背后多放几个枕头，帮助你坐直。此外，还可以在膝盖下垫上枕头，腿上和抱宝宝的胳膊下也各放一个枕头。

2　宝宝的姿势

　　把宝宝身体放直横躺在你怀里，整个身体对着你的身体，脸对着你的乳房。宝宝的头和身体应该保持一条直线，不要向后仰或歪着。不要让宝宝扭头或是伸长脖子才能够碰到乳头。喂奶时，要注意不要让宝宝的身体摇晃而偏离你的身体。

3　正确握乳房的姿势

　　许多新手妈妈习惯用剪刀手的姿势去握乳房，这种姿势不利于乳汁的分泌。正确握乳房的姿势应该是：手贴在乳房下的胸壁上，拇指在上方，另外4个手指头捧在下方，用食指托住乳房，形成一个"C"字。注意手指头要离开乳晕一段距离，不要离乳头太近。

（四）用人工喂养代替母乳喂养

并不是所有的妈妈都能为宝宝进行母乳喂养，也不是所有的宝宝都能接受母乳喂养。妈妈们要用知识来武装自己，多看书，了解科学的育儿知识，不要因为对宝宝的爱而"无意"中伤害了宝宝。

1 哪些情况不能进行母乳喂养？

不能进行母乳喂养的情况主要有：

1. 哺乳妈妈患有传染性疾病正值发病期的，如肝炎发病期、肺结核活动期；

2. 哺乳妈妈患有心血管疾病，心脏功能在 3 ~ 4 级或伴心力衰竭的；

3. 哺乳妈妈肾脏功能不全的；

4. 哺乳妈妈患有严重高血压、糖尿病等系统性疾病的；

5. 哺乳妈妈患有精神病或先天代谢性疾病的；

6. 哺乳妈妈患病用药，如抗癌药物的。

7. 哺乳妈妈产后并发症严重的；

8. 哺乳妈妈没有奶水或奶水不足的；

9. 宝宝先天性畸形，如唇裂、腭裂等，或早产儿吮吸困难的。

2 掌握好人工喂养的奶量

配方奶用量可按每日每千克体重 110 ~ 120 毫升计算，也可任其吮吸，以满足食欲为度。可通过观察宝宝大便和体重增长情况，判断喂奶量是否合适。宝宝每周体重增长 150 ~ 200 克，即属正常。

3 奶瓶的选择

人工喂养的首要问题就是宝宝奶瓶的问题。一般要准备 6 个奶瓶，其中 4 个给宝宝喝奶用，另外 2 个装开水等，不可任何饮品都"一瓶烩"。那么，如何为宝宝挑选到合适的奶瓶呢？

1 玻璃奶瓶为首选

奶瓶的材质一般有玻璃和塑料两种，建议妈妈给宝宝选择玻璃材质的奶瓶。因为玻璃奶瓶透明度高、便于清洗，在安全方面能够让人放心，加热后不会产生有害物质。不过，玻璃奶瓶对于小宝宝来说比较重，可先由妈妈代劳拿着，等宝宝长大后有力气了，就可独立喝奶了。

2 透明度很重要

奶瓶的透明度很重要，瓶身的刻度也要清晰准确。要尽量选择瓶身不太花哨的奶瓶，以免影响刻度的读取。在选购奶瓶的时候，妈妈还要打开瓶盖闻一闻里面是否有异味，质量达标的奶瓶应该没有任何味道，有异味的奶瓶不要购买。

3 仔细检查奶嘴

检查奶嘴也是必不可少的一个环节，它直接决定了宝宝会不会接受这个奶瓶。

◆首先奶嘴的安全性一定要达标。建议妈妈选择信誉度高、口碑好、公众认可度高的品牌，这样的产品质量一般都可达标。

◆宝宝用奶嘴不能过大。因新生儿还不能很好地吮吸，太大的奶嘴无法塞进他的小嘴里。

◆奶嘴上的奶孔不可过大，数量不可过多，否则会使宝宝呛奶或吐奶。妈妈可以在奶瓶中注入温水，然后将奶瓶倒置，通过观察奶嘴的"流量"来判断选择是否合适。如里面的水是一滴一滴地流下，说明大小适中；如果水呈直线流下，说明奶孔过大；如果水根本流不出，说明奶孔过小，宝宝吮吸起来会非常困难。

4 挑选好合适的奶粉

在日常生活中，经常见到一些新手妈妈为挑选宝宝的奶粉而发愁，下面就提供几种挑选奶粉的方法供新手妈妈用。

1 根据年龄段

很多奶粉都分年龄段，比如 6 个月以上、1～3 岁、3～6 岁等。

2 根据保质期

爸妈在给宝宝选择奶粉时要注意看保质期，要挑选最新生产的奶粉。

3 根据经济实力

经济条件好点的家庭，可以选择合资或国外进口的奶粉。

4 是否是正规厂家出产的奶粉？

没有必要一定选择某个品牌，但要是正规的大型厂家生产的奶粉。

5 别看广告看宝宝

婴幼儿奶粉最重要的当然是安全性，即使你亲自到超市去查看奶粉的成分和营养配方，也无法判断它的安全性是否过关，更何况配方中的专业名词，妈妈看了也是"云里雾里"。怎么办？这里教妈妈们一个小窍门：给宝宝选择奶粉时不能只看广告。

别看广告，看宝宝——不仅要看自己的宝宝，也要看其他的宝宝。当你看到朋友们的宝宝健康快乐、精神状态好而又活泼爱笑时，就要问问这位妈妈平时给宝宝吃的是什么牌子的奶粉，在哪里购买的。有了健康宝宝作"参照"，这个牌子的奶粉就可以放心购买了。

5 正确冲奶粉, 你会吗?

奶粉的冲调不可随意, 一定要认真阅读说明书。有些爸爸妈妈总担心宝宝营养不够或是吃不饱, 所以特意将奶冲得浓浓的。但过浓的配方奶是宝宝娇嫩的肠胃所承受不了的, 会造成宝宝呕吐、腹泻。同样, 配方奶太稀会导致宝宝营养不足, 发育不良。

①调制奶粉前一定要把手用洗手液洗干净, 并将奶瓶洗干净。

②将开水冷却至 50 ~ 60℃时, 向消过毒的奶瓶中加入规定量一半的热水。

③用量匙慢慢地加入奶粉, 可边加入边轻摇。待奶粉溶解后, 加热水到规定的量。

④盖上奶嘴和奶嘴罩, 使奶冷却至接近体温。把奶滴在手腕内侧, 感觉温热为宜。

对 3 个月以内的宝宝来说, 奶粉和水最合适的比例应该是重量为 1∶8、容量为 1∶4, 1 个月以内的宝宝要更稀释一些。因为每个宝宝的体质不同, 所以妈妈要仔细观察宝宝吃奶的反应, 再根据具体情况进行增减。

6 用奶瓶喂奶的重要细节

用奶瓶喂奶时, 妈妈要注意以下几个细节:

① 要注意查看奶嘴是否堵塞或者流出的速度过慢。将奶瓶倒置时出现"啪嗒啪嗒"的滴奶声是正确的。

② 用奶瓶喂奶时，最常用的姿势就是横抱。和母乳喂养时一样，要一边注视着宝宝，一边叫着宝宝的名字喂奶。

③ 母乳喂养时，宝宝要含住整个乳头才能吮吸到乳汁，用奶瓶喂奶时也要让宝宝含住整个奶嘴。

④ 为了避免宝宝打嗝，在用奶瓶喂奶时应该让奶瓶倾斜一定角度，以防止宝宝胃里进入大量的空气。

7 奶瓶的清洗技巧

奶瓶是宝宝最重要的餐具，人工喂养的宝宝自然是离不开奶瓶，就算是母乳喂养的宝宝也会时不时要用到奶瓶。那么，新手妈妈要如何保持奶瓶的干净无毒呢？

奶瓶用完之后要马上清洗，不要认为还有替换的奶瓶就不及时清理，那样会使留在奶瓶中的奶渍凝固而不易清洗干净，同时凝固在奶瓶上的奶渍会给病原微生物的繁殖创造条件。特别是在夏季，更要及时清洗奶瓶。

在清洗奶瓶的时候，妈妈可以按照以下方法进行操作：

①选择用专用的奶瓶洗涤剂或天然食材制的洗涤剂，以及刷子和海绵清洗。

②奶嘴及奶瓶盖部分很容易残留奶粉，要先用海绵或刷子清洗其外侧。

③用海绵或者刷子清洗奶嘴以及奶瓶盖的内侧。

④为了防止洗涤剂的残留，奶嘴要注意冲洗干净，可将奶嘴翻转过来清洗内部。

8 奶瓶的消毒技巧

只是单纯地清洗奶瓶，这是不够的，妈妈们一定要经常给奶瓶消毒，才能更安全放心。可采取以下方法给奶瓶消毒：

煮沸消毒法——玻璃奶瓶

1 准备一个为消毒奶瓶专用的不锈钢煮锅，里面装满冷水，水的深度要能完全覆盖所有已经清洗过的喂奶用具。可先将玻璃奶瓶放入锅中。

2 等水烧开5～10分钟后，再放入奶嘴、瓶盖等塑胶制品，盖上锅盖再煮3～5分钟后关火。

3 等水稍凉后，用消毒过的奶瓶夹取出所有用具，待沥干之后将奶嘴、瓶套套回奶瓶上备用。

煮沸消毒法——塑料奶瓶

1 准备一个不锈钢煮锅，里面装满冷水，水的深度要能完全覆盖所有已经清洗过的喂奶用具。

2 待水烧开后，将塑料奶瓶、奶嘴、奶瓶盖一起放入锅中消毒，煮3～5分钟即可，不宜久煮。

3 最后用消毒过的奶瓶夹夹起所有的用具，并置于干燥通风处倒扣沥干。

蒸汽锅消毒法

目前市面上有多种功能、品牌的电动蒸汽锅，可以用来消毒宝宝的喂奶用具，使用方法如下：

1 使用蒸汽锅消毒前，先将所有的奶瓶、奶嘴、奶瓶盖等物品彻底清洗干净。

2 然后将清洗干净的奶瓶、奶嘴、奶瓶盖等物品一起放入蒸汽锅中，按下开关，待其消毒完毕会自动切断电源。

9 混合喂养，掌握最佳方法

如果母乳分泌量不足，或者妈妈因为工作原因，白天不得不与宝宝分开，无法在上班时间哺乳，也不要完全放弃母乳喂养，可以采用混合喂养的方法。妈妈应尽最大的可能多给宝宝哺喂母乳，然后再用牛奶、羊奶、奶粉等来补充不足的数量。但妈妈每天给宝宝直接喂哺母乳最好不要少于 3 次，因为若每天只喂一两次奶，妈妈的乳房会因为得不到足够的吮吸刺激而使乳汁分泌量迅速减少，这对宝宝是不利的。混合喂养要充分利用有限的母乳，母乳喂养次数要均匀分开，不要很长一段时间都不喂母乳。夜间妈妈比较累，尤其是后半夜，起床给宝宝冲奶粉很麻烦，最好是用母乳喂养。

注意事项 ▶ **混合喂养的注意事项：**一次只喂一种奶，吃母乳就吃母乳，吃配方奶就吃配方奶。不要先吃母乳，不够了，再冲奶粉。这样不利于宝宝消化，也使宝宝对乳头发生错觉，可能引发厌食配方奶，拒绝奶瓶。夜间妈妈休息，乳汁分泌量相对增多，宝宝需要量又相对减少，母乳一般可以满足宝宝的需要。但如果母乳量太少，宝宝吃不饱，就会缩短吃奶间隔，影响母子休息，这时就要以配方奶为主了。

4 应对不适症，妈妈有妙招……

（一）新生儿黄疸——该提前了解的那些事

很多宝宝出生后几天内会出现生理性黄疸。妈妈看到宝宝皮肤变成黄色的，就很慌张，以为宝宝的黄疸症状很重，有的甚至以为宝宝得了肝炎，然后急忙去医院。

其实宝宝所患的黄疸大部分都属于生理性黄疸，不需要治疗便会自行消退，而母乳性黄疸虽然持续时间可能会较长，但是对于宝宝的生长发育并没有很大影响，大部分也不需要治疗，只要注意家庭护理就会自愈，所以不必过于担心。

1 判断宝宝得的是哪种类型的黄疸

新生儿出生后，由于胆红素代谢过高而引起皮肤、黏膜及巩膜出现黄染的症状，这就是黄疸。黄疸又称"胎黄"或"胎疸"，一般分为生理性黄疸、病理性黄疸和母乳性黄疸。

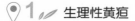

1 生理性黄疸

生理性黄疸是指一些小宝宝在出生2～3天后，全身皮肤、眼睛、小便都会出现发黄症状，出生后5～6天，发黄最为明显。生理性黄疸一般较为轻微，通常7天以后就开始消退，混合喂养或人工喂养的宝宝10～14天完全消退，纯母乳喂养的宝宝需要的时间较长些。

2 病理性黄疸

如果新生儿黄疸出现的时间很早，如出生后24小时内出现，黄疸的程度很重，或在新生儿黄疸减退后又重新出现且颜色逐渐加深，还伴有其他症状，那么宝宝所患可能是病理性黄疸。病理性黄疸可能是由败血症、肝炎等引起，需及早治疗。

3 母乳性黄疸

母乳性黄疸的病因不明，对宝宝没有伤害，但在宝宝黄疸持续不退时不要随便地就认为是母乳性黄疸，还是需要去医院就诊，由医生判断。

2 新妈妈照顾黄疸宝宝有诀窍

当宝宝出院后，妈妈可以这样照顾黄疸宝宝：

1. 仔细观察黄疸变化

黄疸是从头开始黄，从脚开始退，而眼睛是最早黄、最晚退的，所以可以先从眼睛观察。如果不知如何看，专家建议可以按压宝宝身体任何部位，只要按压的皮肤处呈现白色就没有关系，是黄色就要注意了。

3. 注意宝宝大便的颜色

要注意宝宝大便的颜色，如果是肝脏胆道发生问题，大便会变白，但不是突然变白，而是越来越淡，如果再加上身体突然又黄起来，就必须去看医生。

5. 勤喂母乳

如果证明是因为喂食不足所产生的黄疸，妈妈必须要勤喂母乳，千万不要以为宝宝吃不够或因持续黄疸，就用水或糖水补充。不知道宝宝吃得够不够的妈妈，可以观察宝宝尿尿的次数，一天尿 6 次以上及宝宝体重持续增加，就表示吃的分量足够。但还是要观察宝宝之后的变化，如果黄疸退了又升高就表示有问题，一定要及时去医院检查。

2. 观察宝宝日常生活

如果宝宝的肤色看起来越来越黄，精神及胃口都不好，或者体温不稳、嗜睡，容易尖声哭闹等，都要去医院检查。

4. 家里不要太暗

宝宝出院回家后，尽量不要让家里太暗，窗帘不要拉得太严实，白天使宝宝接近窗户旁的自然光，至于电灯开不开都没关系，不会有什么影响。如果在医院时，宝宝黄疸指数超过 15 毫克/分升，医院会照光，让胆红素由于光化反应而发生结构改变，变成不会伤害到脑部的结构并代谢（要有固定的波长才有效）。回家后继续照自然光的原因是自然光里任何波长都有，照光对改善黄疸症状或多或少会有些帮助。

（二）宝宝打嗝，妈妈可要注意了

当宝宝打嗝时要怎么做呢？宝宝打嗝时会痛苦吗？怎样做才能预防打嗝？其实新生儿打嗝是一种常见的现象，并不是病，对新生儿不会有不良影响。

1 新生儿为什么打嗝？

新生儿为什么容易打嗝，其原因还不是很清楚，目前认为有以下几点可能：

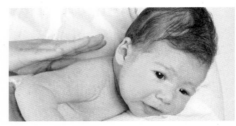

1 由于小儿神经系统发育不完善，导致膈肌痉挛，所以打嗝的次数会比成年人多。

2 护理不当导致宝宝外感风寒，寒热之气逆而不顺，俗语叫"喝了冷风"而诱发打嗝。

3 宝宝乳食不节制、喝生冷奶水或过服寒凉药物，导致脾胃功能减弱、胃气上逆而诱发打嗝。

4 吃得过快或惊哭后吃奶，会造成小宝宝哽噎而诱发打嗝。

2 宝宝打嗝时可以这样做

宝宝打嗝时，妈妈可以这样做：

1 如果平时小宝宝没有其他疾病而突然打嗝，嗝声高亢有力而连续，一般是受寒所致，可给他喝点热水，同时胸腹部覆盖棉衣被，冬季还可在衣被外放置热水袋保温，一般即可不治而愈。

2 如果宝宝吃奶后腹部胀气，放下平躺时会打嗝。这是因为奶瓶开口小，宝宝在吸奶的时候，因用力吸而吞入太多的空气，从而造成胀气现象。妈妈可以轻拍宝宝背部，或是轻柔按摩宝宝腹部来帮助排气。

3 喂一点温开水或以有趣的活动（如玩具或轻柔的音乐）来转移宝宝的注意力，也可以改善宝宝打嗝症状。

4 如果宝宝频繁地打嗝，同时伴有食欲差、体重减轻或频繁呕吐等症状，就应该带宝宝到医院做详细检查。

（三）宝宝腹胀，爸妈应对有方

宝宝腹胀，爸妈首先要分清是否是病理因素引起的。如果是病理因素引起的，要及时带宝宝去医院；如果断定不是病理因素，就可以做一些应对措施来缓解腹胀状况。

1 宝宝为何腹胀？

一般来说，宝宝腹胀是由以下几个因素引起的：

1 生理原因

小宝宝的肚皮本来就相对较大，看起来鼓鼓胀胀的，那是因为宝宝的腹壁肌肉尚未发育成熟，却要容纳和成人同样多的内脏器官。在腹肌没有足够力量承担的情况下，腹部会因此显得比较突出，特别是宝宝被抱着的时候，腹部会显得突出下垂。此外，宝宝身体前后是呈圆形的，不像大人那样略呈扁平状，这也是宝宝肚子看起来胀鼓鼓的原因之一。

2 胀气

宝宝比大人更容易胀气。宝宝进食、吮吸太急促、过度哭闹，都会使腹中吸入空气，奶瓶的奶嘴孔大小不适当，空气也会通过奶嘴的缝隙进入宝宝体内；此外，宝宝进食奶水或其他食物后，在消化道内通过肠内菌和其他消化酶作用而发酵，产生大量的气体都会促使腹胀。

3 消化不良

消化不良或便秘使肠道内粪便堆积，促使产气的细菌增生；或因牛奶蛋白过敏、乳糖不耐、肠炎等引起消化、吸收不良，使肠道中产生大量的气体。

4 病理因素

腹腔内器官肿大或长了肿瘤，如肝脾肿大、肝硬化等，都会引起腹胀。宝宝下肠道阻塞，也会出现腹胀症状。

2 宝宝腹胀了，妈妈这样做

1 及时喂奶

不要让宝宝饿得太久后才喂奶。宝宝饿的时间太长，吮吸时就会因为过于急促而吞入大量的空气。要按时给宝宝喂奶并且在喂奶之后轻轻拍打宝宝背部来促进打嗝，使肠胃的气体由食道排出。

2 不要让宝宝哭太久

宝宝哭的时候很容易胀气，遇到这种情况，新手爸妈应该多给予安慰，或是拥抱他，通过调整宝宝的情绪来避免加重胀气的程度。

3 对腹部进行按摩

多给宝宝的腹部进行按摩，可顺时针按摩5分钟。用温毛巾敷盖腹部也有帮助，有利于肠胃蠕动和气体排出，从而改善宝宝的消化吸收功能。

4 哺乳妈妈注意控制糖分的摄取

如果母乳中含的糖分过多，糖分在宝宝的肚子里过度发酵，也容易使宝宝出现肠胀气，因此哺乳妈妈应该注意限制自己的摄糖量。此外，母乳喂养的妈妈还应将那些有可能造成宝宝胀气的食物，如豆类、玉米、红薯、花菜以及辛辣食物，从饮食中剔除掉。

5 摆正喂奶姿势

人工喂养的宝宝，应当注意让奶水充满奶瓶嘴的前端，不要有斜面，以免吸入空气。母乳喂养的宝宝，如果在吃奶的时候，宝宝的嘴与母亲乳房的位置摆放不当的话，宝宝有可能吸进过多的空气，导致嗝气或腹胀。正确的姿势是让宝宝的脸正对妈妈的乳房，以保证他的嘴能将乳头和乳晕全含住。

6 如下情况应及时就医

宝宝若出现腹胀合并呕吐、食欲不振、体重减轻、肛门排便排气不畅，甚至有发热、血便、肚子有压痛感、呼吸急促或在腹部能摸到类似肿块的东西，应尽快带宝宝就医检查治疗。

（四）宝宝得了鹅口疮，爸妈巧护理

鹅口疮又名"雪口"，是一种由白色念珠菌感染引起的口腔疾病。鹅口疮通常出现在宝宝的双颊两侧，有时也会出现在舌头、上腭、牙龈等位置，其表面是层叠白斑，看上去很像凝固的牛奶。

1 鹅口疮是由什么引起的？

一般来说，鹅口疮是由以下几个原因引起的：

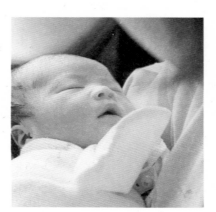

1 因为接触了含有白色念珠菌的食物或衣物而感染。

2 因乳具消毒不严、乳母乳头不洁或喂奶者手指污染所致。

3 在出生时经产道感染，或见于腹泻、使用广谱抗生素或肾上腺皮质激素的患儿。

2 得了鹅口疮要怎样护理？

宝宝患了鹅口疮后，爸爸妈妈可以这样护理：

⊙1 局部使用制霉菌素

宝宝患了鹅口疮之后，爸爸妈妈可以用霉菌素研成末与鱼肝油滴剂调匀，涂擦在宝宝患病部位，每 4 小时用 1 次药，待白色斑块消失后即可停药。

⊙2 使用 2.5% 碳酸氢钠溶液

爸妈可使用 2.5% 碳酸氢钠（小苏打）溶液，在哺乳前后对宝宝的口腔加以清洗。一般来说，连续使用 2 ~ 3 天病症即可消失，但痊愈后仍需继续用药数日，以防止复发。

⊙3 注意饮食

在喂哺宝宝时，要鼓励宝宝多饮水。另外，宝宝用过的食具一定要单独清洗，煮沸消毒。切忌用粗布强行擦拭或挑刺宝宝的口腔黏膜，这样会引起局部损伤，加重感染。最后，需要提醒爸爸妈妈的是，如果在家中用上述方法治疗 5 ~ 7 天后，宝宝的病情仍未得到改善，或者是情况越来越严重，爸爸妈妈就应带宝宝及时到医院就医，以免耽误治疗。

Chapter 2

2～3月：我爱笑，我爱闹

虽然宝宝每天大部分时间都在睡觉，
可是他的身体在努力地发育，
他的大脑在拼命地走出最初的混沌状态。
2～3月的宝宝爱笑、爱闹，
在各方面有很大的进步，
各位新手爸妈，
宝宝更多的可爱之处需要你们细心地去发现和发掘呢！

1 宝宝的成长发育

（一）身体发育指标

　　每个妈妈都希望自己的宝宝健康成长。宝宝吃奶香、睡觉香、长得快，妈妈就高兴；反之，如果长得不如别人家的小孩快，就觉得不是滋味。其实，每个宝宝在体重、身高增长方面都有自身的规律，只要不是距离标准值太远，就不是什么大问题。

表 2-1：2 个月宝宝身体发育指标

特征	男宝宝	女宝宝
身 高	平均 60.4 厘米（55.6 ~ 65.2 厘米）	平均 59.2 厘米（54.6 ~ 63.8 厘米）
体 重	平均 6.2 千克（4.8 ~ 7.6 千克）	平均 5.7 千克（4.4 ~ 7.0 千克）
头 围	平均 39.7 厘米（37.1 ~ 42.3 厘米）	平均 38.9 厘米（36.5 ~ 41.3 厘米）
胸 围	平均 39.8 厘米（36.2 ~ 43.4 厘米）	平均 38.7 厘米（35.1 ~ 42.3 厘米）

表 2-2：3 个月宝宝身体发育指标

特征	男宝宝	女宝宝
身 高	平均 63.0 厘米（58.4 ~ 67.6 厘米）	平均 61.6 厘米（57.2 ~ 66.0 厘米）
体 重	平均 7.0 千克（5.4 ~ 8.6 千克）	平均 6.4 千克（5.0 ~ 7.8 千克）
头 围	平均 41.0 厘米（38.4 ~ 43.6 厘米）	平均 40.1 厘米（37.7 ~ 42.5 厘米）
胸 围	平均 41.6 厘米（37.4 ~ 45.8 厘米）	平均 39.6 厘米（36.5 ~ 42.7 厘米）

★ 2 ~ 3 月接种疫苗提示 ★

　　【脊髓灰质炎混合疫苗（糖丸）】2 个月的宝宝首次口服，该疫苗每个月服用 1 次，连服 3 个月。

　　【乙肝疫苗】宝宝满月后，带上预防接种证去指定机构进行第 2 次接种，也就是第 1 次加强针。

　　【百白破混合制剂】首次注射预防百日咳、白喉和破伤风的百白破混合制剂。

（二）宝宝成长大事记

这两个月，宝宝的模样更可爱了，最关键的是，你跟他说话时，他不再是一副完全没有反应的样子——他已经学会了微笑，也开始会闹腾了，学会跟大人"交流"了。这个月，宝宝还有什么让你觉得欣喜的变化呢？

1 体重增长较快

宝宝体重增长很快，整个人肉乎乎的，爸爸常会捏着宝宝胖胖的小胳膊，笑话宝妈："你是养'猪'专业户吗？"出生前半年的宝宝，体重增长较快，尤其是 1 ~ 2 个月的宝宝，体重增长更快，这个月平均可增加 1200 克。人工喂养的宝宝体重增长更快，可增加 1500 克，甚至更多。但体重增加程度存在着显著的个体差异，有的宝宝这一个月仅增长 500 克，也不能认为是不正常的，爸爸妈妈千万不要着急。

2 身高增长也较快

宝宝不但体重增长得快，个头生长也不含糊，仿佛有人给拔节似的，蹭蹭蹭往上长，这不，月末时妈妈用尺子一量，又长了好几厘米。这个月宝宝身高增长也是比较快的，一个月可长 3 ~ 4 厘米。喂养、营养、疾病、环境、睡眠、运动等，都是影响宝宝身高增长的因素。需要注意的是，宝宝身高增长也存在着个体差异，但不像体重那样显著，差异比较小。如果身高增长明显落后于平均值，要及时看医生。

3 外貌更招人喜爱

这时候的小宝宝，脱离了新生儿期，小脸变得光滑了，皮肤也白嫩了，肩和臀显得较狭小，脖子短，胸部、肚子呈现圆鼓形状，小胳膊、小腿也变得圆润了，而且总是喜欢呈屈曲状态，两只小手握着拳，招人喜爱极了。

4 视力发展：眼睛喜欢追随物体

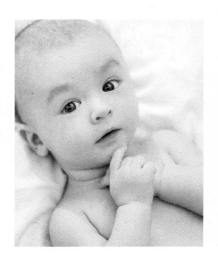

宝宝的眼睛很容易追随移动的物体，喜欢把头转向灯光和有亮光的窗户，喜欢看鲜艳的颜色。此时宝宝的注视距离为 15～25 厘米，太远或太近的东西虽然能看到但看不清楚。当宝宝看到熟悉的或者自己喜欢的人或者物时，就会表现兴奋，眼睛也会放亮，所以，爸爸妈妈不要以为宝宝什么都不懂，要积极地给予宝宝关爱，这样宝宝才能够健康成长。有些斜视的宝宝，满 2 个月时一般都能自行矫正过来，而且双眼能够一起转动，这表明宝宝的大脑和神经系统发育正常。

5 体能发展：头可以竖起来了

宝宝俯卧时，已经可以把头抬得很高，离开床面 45° 以上，并会慢慢向左右转头。宝宝开始有自己翻身的意向。当妈妈轻轻托起宝宝后背时，宝宝会主动翻身，这时候宝宝主要是靠上身和上肢的力量，不太会用下肢的力量。宝宝会自己竖头了，竖头时间从几秒到数分钟不等。

6 动作发育：小手变灵活了

宝宝手脚的活动能力越来越强，起初连玩具也拿不了，快到 3 个月时已经能抓住玩具在手里握很长时间。宝宝在吃奶时，还会出现小手抓妈妈衣服，或者捧着妈妈乳房的动作，这是因为宝宝吃奶要用很大的力气，有的宝宝为了使劲就会把小手握拳、松开，并不断反复。这时，妈妈可以让宝宝握住自己的大拇指，以免他乱抓乱挠。此时的宝宝喜欢看自己的小手，几乎所有 3 个月的宝宝都会把拇指或拳头放到嘴里吮吸，这是宝宝快活的一种表现，并非其饮食要求未得到满足。

7 情感发展：更喜欢笑

这个月的宝宝笑的时候更多，有时会发出"啊、哦"的声音，爸妈可针对宝宝的这个特点，多对宝宝进行开口发音的练习。这个月的宝宝对外界的反应也更加强烈。

2 宝宝的日常护理

（一）经常给宝宝洗澡

　　1个月后的宝宝不再像新生儿那样软，而爸爸妈妈也已经积累了1个月的经验，给宝宝洗澡时再也不会几个人弄得满头大汗，也不那么紧张了。现在，宝宝已经适应每天洗澡了，如果有几天不洗澡，宝宝会感到不舒服而哭闹。冬季如果条件允许，最好每天都洗澡，夏季1天要洗2～3次。上午正式洗1次，下午和晚上睡觉前简单冲一下就可以。如果天气炎热，宝宝出汗较多，随时可以给宝宝冲凉，或者至少要给宝宝皮肤皱褶处洗一洗。

1 给宝宝洗澡的注意事项

　　在给宝宝洗澡时，妈妈应注意以下几点：

NO.1 检查自己的双手
为宝宝洗澡前，妈妈要先把双手洗净，指甲剪短，以免刮伤宝宝。

NO.2 时间不要太长
妈妈的动作要轻、快，一般不要超过15分钟，以5～10分钟最佳。

NO.3 动作轻柔
宝宝的皮肤很柔嫩，容易受到损伤和并发感染，妈妈的动作一定要轻柔。

NO.4 沐浴露等不要使用太频繁
不要每次都使用洗发剂，1周使用2～3次就可以。更不要使用香皂，1周使用1次婴儿沐浴露就可以，并且一定要用清水把沐浴露冲洗干净。

NO.5 保护脐、眼、耳
仍然要注意不要把水弄到宝宝的耳朵里。这时宝宝的肚脐已经长好了，不必担心感染，但要把脐凹内的水擦干。不要把洗发剂弄到宝宝的眼睛里去。

NO.6 做好保暖工作
给宝宝洗完澡后，用干爽的浴巾和毛巾裹住宝宝的头和小身体，待其全身干爽后再穿衣。不要用毛巾擦干水后马上为其穿衣服，这样易使宝宝受凉。

2 给2～3月宝宝洗澡的基本步骤

给宝宝洗澡前，妈妈要准备好浴巾和衣服，将宝宝放在浴巾上，脱下衣服，并在宝宝身上盖块布，以免宝宝惊慌。正式洗澡时，可按照以下步骤进行：

①一手托住宝宝头颈部，手掌扶住宝宝一侧腋下，另一手托住宝宝臀部和两腿，将宝宝轻轻放在沐浴架上。

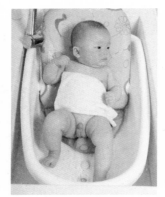

②用纱布或小毛巾盖住宝宝的肚脐。然后妈妈检查一下水温。

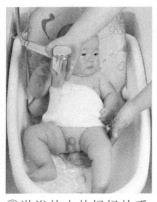

③淋浴的水从妈妈的手流向宝宝的全身。将宝宝头向后仰，由左到右，用手指轻轻摸一摸宝宝颈部污垢。然后抬起宝宝的胳膊轻轻进行清洗。

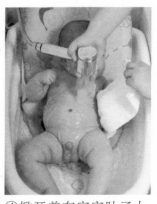

④掀开盖在宝宝肚子上的毛巾，使淋浴的水经过妈妈的手流向宝宝的胸腹部，并重点清洗小肚脐。再盖回毛巾。

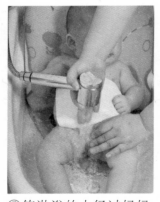

⑤使淋浴的水经过妈妈的手流向宝宝一侧大腿根部的皱褶处，然后换另一侧清洗。

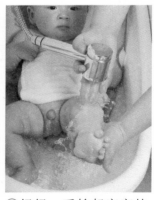

⑥妈妈一手抬起宝宝的小脚，使淋浴的水流向宝宝的这只小脚，然后换另一侧清洗。

⑦挤出适量沐浴露涂抹
于宝宝一侧腋下，再用
清水冲洗干净。

⑧妈妈一手抬起宝宝颈
部，另一只手将沐浴露
涂抹于宝宝颈部，冲净。

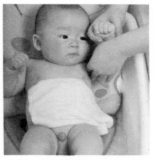

⑨将沐浴露涂抹于宝宝
另一侧腋下，再用清水
冲洗干净。

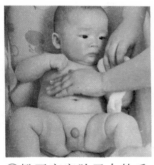

⑩掀开宝宝肚子上的毛
巾，将沐浴露涂抹于宝
宝胸腹部，用清水冲净。

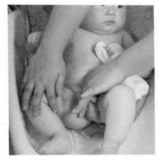

⑪将沐浴露涂抹于宝宝
一侧大腿根部，用清水
冲净，再换另一侧清洗。

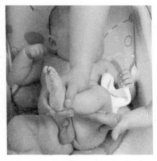

⑫妈妈一手抬起宝宝的
脚，将沐浴露涂抹于宝
宝小腿和脚上，冲净。

⑬用同样的方法清洗宝
宝的另一条腿。

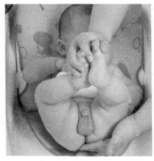

⑭一手抓住宝宝的双脚，
使宝宝臀部抬起，另一
只手清洗宝宝的小屁股。

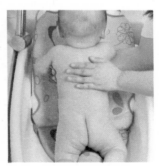

⑮俯卧位，托着宝宝腋
下及胸口，擦拭其背部。
再冲洗一遍全身即可。

（二）宝宝睡眠昼夜颠倒怎么办？

2～3个月大的宝宝比新生儿的睡眠时间有所减少，他们不再是吃了睡，醒了吃，几乎一天总是在睡眠状态了。宝宝醒着的时间越来越长，每天可能只睡16～18个小时。这个月是培养宝宝良好睡眠习惯的关键时期，一些睡眠问题要及时解决。

倘若宝宝睡觉黑白颠倒，不是宝宝的错，而是爸爸妈妈养育方法不够正确。现在，把颠倒的时间再颠倒过来。这里所说的"颠倒"，当然不是硬拧，而是通过科学的方法，帮助宝宝逐步调整。

1 白天多玩少睡

如果宝宝白天睡觉时间很长，而晚上常常醒来，精神不错，那么应尽量让他白天少睡些，尤其下午5点钟以后就不要让宝宝睡觉了。白天可以让宝宝多接触一些新奇的事物，以此来吸引他的注意力，宝宝白天玩累了晚上自然就能睡好。

2 定时哄睡

每天定时哄宝宝睡觉，并为宝宝提供一个温馨安静的睡眠环境。即使宝宝还没表现出困意，也把他抱到卧室，把灯光调暗，哄他睡觉。给宝宝唱摇篮曲或儿歌，都有助于帮助宝宝尽快入睡。在宝宝睡觉前放些优美的音乐也会有不错的效果。

3 注意室温和宝宝体温

室温太高或太低，都会导致宝宝睡不踏实。妈妈要仔细检查宝宝睡觉时的体温状况，及时增减衣被。

4 不抱着睡

许多妈妈说自己的宝宝只能抱着睡，不能放，一放就醒。宝宝当然喜欢妈妈抱着睡，但妈妈从一开始就不应该这样做。还好现在马上改正还来得及。从现在起，大胆地把宝宝放下来吧。刚开始他可能不干，慢慢就会接受的。小宝宝睡觉不踏实，动作多多，不一定是有问题，在排除了疾病的可能后，妈妈不必宝宝一动就马上去拍、去哄，本来宝宝没有醒，你一拍一哄，倒把宝宝弄醒了，捅了"马蜂窝"。

（三）宝宝也爱日光浴

阳光中含有两种特殊的光线，即红外线和紫外线，照在身上可以使血流量增加，增进血液循环，促进新陈代谢。宝宝身体正在迅猛生长，骨骼和肌肉的生长需要大量的钙，晒太阳会使皮肤中的 7- 脱氢胆固醇转化为维生素 D，帮助吸收钙和磷，促进骨骼的生长，可预防和治疗佝偻病。紫外线还有强力的杀菌力，可提高机体免疫力，以及刺激骨髓制造红细胞，预防贫血。

1 选择适当的时间

冬季一般在中午 11 ～ 12 点钟左右；春、秋季节一般在 10 ～ 11 点钟；夏季一般在 9 ～ 10 点钟。晒太阳的时间应由少到多，随宝宝年龄大小而定，要循序渐进，可由每天十几分钟逐渐增加至 1 ～ 2 小时，或每次 15 ～ 30 分钟，每天数次。

2 穿衣要适当

紫外线要透过层层的厚衣物再到达皮肤很难。另外，衣着过厚在阳光下活动容易出汗，出汗后受风易感冒。因此，给宝宝晒太阳时应根据当时的气温条件，尽可能地使宝宝少穿衣服。尤其是夏季给宝宝实施日光浴时，应尽量在裸体或半裸体（仅穿小背心、短裤或尿不湿）的状态下进行，让日光均匀地洒在宝宝的周身。注意宝宝头部应避免直接对着太阳照射。

3 晒太阳需注意

带宝宝出去晒太阳，妈妈应该注意以下几点：

1 晒太阳时宝宝不宜空腹，也最好不要给宝宝洗澡。因为洗澡时可将人体皮肤中的合成活性维生素 D 的材料 7- 脱氢胆固醇洗去，从而降低人体对钙的吸收。

2 不要隔着玻璃晒太阳。因为紫外线穿透玻璃的能力较弱，故而会降低阳光的功效。

3 在户外，不要让宝宝吹风太久，不然容易感冒，应随季节增减衣服和佩戴帽子。

4 晒太阳时，如果妈妈自己都出现头痛、头晕、心慌、皮肤潮红或灼痛等反应，应立即带宝宝到阴凉处休息，并喂食凉开水或淡盐水，或用温水给宝宝擦身。

5 晒后注意补水。

（四）带宝宝去游个泳吧

在月子会所里，每个礼拜宝宝都会游一次泳，不过那时因为小，所以基本上都是套个游泳圈在浴桶里睡觉。现在宝宝2个多月了，带她去游泳就明显感到和以前不同了。妈妈帮她套好游泳圈一放到水里，宝宝立刻活络起来，两只手两只脚不停地向外划动，还会在原地转圈圈，一双大眼睛亮晶晶的，小嘴巴一张一合，小光头上都是汗珠子。游到高兴了，一双胖乎乎的小腿还会跷起来，嘴里还会发出"咿咿呀呀"的声音，好像在对妈妈说："妈妈，快看我呀，我是不是有成为游泳健将的潜质啊？"

1　游泳带给宝宝的好处

宝宝1岁之内尚不能独立行走，游泳为其提供了一个活动肢体的机会，而且是安全、运动量大的健体活动。游泳可最大限度释放宝宝好玩的天性，帮助宝宝更健康、快乐地成长，促进婴幼儿神经系统、消化系统、呼吸系统、循环系统、肌肉骨骼等系统的充分发育。

① 健脑，促进脑神经发育

游泳时，尽管有项圈等的辅助，但婴儿需要自己去平衡。同时，运动给婴儿带来全方位的刺激，这种刺激反馈到大脑皮层，能有效促进婴儿脑神经的发育，激发婴儿的本能和潜能。此外，游泳可提高婴儿对外部环境的反应能力，促进婴儿正常睡眠节律的建立，避免不良睡眠习惯的形成，有利于婴儿早期的教育，提高婴儿的智商、情商。

② 增强心脏功能

在游泳过程中，婴儿全身肌肉的耗氧量增加，水对外周静脉的压迫有效促进了血液的循环，可提高婴儿的心脏功能。

③ 利于体格发育

婴幼儿在游泳时，可有效刺激骨骼、关节、韧带、肌肉的发育，促进婴儿身高的增长，使宝宝体格更加健壮。

2 游泳前的准备工作

在宝宝游泳前，妈妈要做好下列准备工作：

① 水质准备

新生儿游泳时的用水要经过专门消毒，并使水质接近羊水成分，以减少宝宝不适。

② 肚脐护理

游泳前要对新生儿的肚脐进行护理，并贴上防水肚脐贴，以免被感染。

③ 游泳室

游泳室要通风好、自然采光，室温在25～26℃，冬季为26～28℃，环境相对湿度为50%～60%。

④ 游泳池

游泳池应为无毒、透明、充气的水池（不可用成人浴缸），池深至少在56厘米以上，内径为50～90厘米，可配有充气小玩具。

⑤ 游泳圈

泳圈的内径要大于或等于宝宝的颈围径，宝宝成长到一定的阶段，应更换不同型号、大小的泳圈。给宝宝套圈时，要两个人操作，动作要轻柔。套好游泳圈，应检查宝宝下颌部是否垫托在预设位置，下巴要置于其槽内。

⑥ 选择适当的时间

宝宝游泳时要处于安静觉醒状态，最好在吃奶前20～35分钟。游泳前应对宝宝进行兴奋性按摩和兴奋性游戏，如皮肤按摩、追物游戏，以调动宝宝的积极性。

⑧ 给宝宝特别的护理

宝宝游泳时，爸爸妈妈的动作要轻柔，不戴首饰，不留长指甲，要看着宝宝的眼睛，轻声说话或唱儿歌，也可以播放轻音乐。体质较弱的宝宝在游泳时，对水质、水温、室温的要求更加严格，也需要更多的呵护。

⑦ 游泳持续的时间

3个月以内的宝宝每次游泳时间最长不超过15分钟，1岁时每次30～40分钟。如果宝宝烦躁、打盹，要立即将其抱出水面。

（五）学会给宝宝测体温

要经常给宝宝测体温，体温是身体健康的晴雨表，每分每秒它都在发生改变，当宝宝看起来明显异于往日时，爸妈首先就应该想到测量体温。宝宝可不同于成人，给宝宝测量体温是要掌握一定方法的。

1 先来了解宝宝的正常体温

正常宝宝的腋下体温应在 36 ~ 37℃之间。若宝宝体温低于35℃，或高于37.5℃，均应及时看医生。

2 测量宝宝体温的方法不同于成人

给宝宝测量体温最好使用数字温度计，数字温度计放在婴幼儿的口腔内比较安全。最好不要用老式的水银体温计，尤其不要放进宝宝的口腔内，因为水银体温计很容易被打碎。

另外，耳温计也比较适合宝宝。给宝宝测体温时，如果宝宝不能正确地把温度计含在舌头底下，也可放在他的腋窝下，这样测出的体温会比实际体温低0.6℃左右。

腋窝测量法

1 打开体温计的开关，让宝宝躺在床上，把体温计的底端放入他的腋窝。

2 把宝宝的手臂放下并弯起前臂放在他自己的胸前，使之夹紧体温计。3分钟后，就可以把体温计从宝宝腋下取出来了。

3 从体温计的窗口里读出宝宝的体温。

4 关上体温计开关，用冷水清洗并晾干。

口腔测量法

1 打开体温计的开关，让宝宝张口，把体温计放在他的舌头下，然后让他闭口。

2 3分钟后取出读取数据。

耳温计的使用方法

把宝宝的耳朵轻轻向后拉，插入耳温计直到耳道被封闭，按下耳温计顶部的按钮，1秒钟后取出来，就能读出宝宝的体温了。

（六）宝宝爱上"吃手"，别着急

2～3个月的时候，妈妈会发现宝宝有一个爱好，就是"吃手"。宝宝还不会张开手指，只是笨拙地把整个拳头往嘴里塞，把小小的嘴巴塞得满满的，居然还啃得有滋有味。那滑稽样，常惹得妈妈捧腹不已。

1 "吃手"是宝宝智力发展的信号

细心的妈妈会发现，满月后的宝宝有了一项嗜好，那就是"吃手"，有时还吃得很香，即使在吃饱了的状态下也会经常吮吸手指。于是，有的妈妈就开始烦恼了，不知道宝宝的这个嗜好是不是正常的，还有的妈妈为了制止宝宝吃手给宝宝戴上了手套。宝宝吮吸手指是宝宝智力发展的一个信号。新生儿的手是握着的，随着大脑的发育，宝宝逐步学会两个动作：一个是用眼睛盯着自己的手看，另一个便是吮吸自己的手指。对于他们来说，吮指是一种学习和玩耍。

另外，宝宝有时还通过吮吸手指来稳定自己的情绪。妈妈若能细心观察，就会发现宝宝在吮吸手指时通常是非常安静的。这是因为这个阶段的宝宝正处于口唇快感期，当感到不安、烦躁、紧张时，吃手会镇静宝宝的情绪。有的宝宝在浅睡状态时，会用吮手指来寻求自我安慰而重新入睡。所以，妈妈不要轻易打扰宝宝的快乐。妈妈需要做的是保持宝宝小手干净、保持宝宝口唇周围清洁干燥，以免发生湿疹。

2 "小手套"害处多

有的妈妈认为宝宝吮吸手指不利于健康，就将宝宝的两只手戴上手套或缝一个小口袋将整个小手包起来。这种做法是不可取的，原因是：

NO.1	NO.2	NO.3
这会使手指活动受到限制，阻碍宝宝精细运动发展。	此时宝宝手指较灵活，且会用眼睛注视自己的手指。用手套包起宝宝的手指，会限制其手眼协调能力的发展。	毛巾手套或用其他棉织品做的手套，如果里面的线头脱落，很容易缠住宝宝的手指，影响手指局部血液循环。

（七）注意保护好宝宝的视力

保护眼睛应该从小做起。对于宝宝视力健康问题，宝宝太小没有这个意识，就需要妈妈们多加注意了。

1　那些损坏宝宝视力的因素

曾经有美国的学者对宝宝进行视力差异试验，发现强光能削弱宝宝的视力。这是由于未成熟血管易受光线影响，其发育和细胞的新陈代谢发生了变化的缘故。因此，爸爸妈妈必须严格控制宝宝室内的光照度，以保护宝宝的视力。宝宝睡觉时最好不要开灯——长期开灯睡觉可能会诱发近视，因为即使隔着眼皮，眼球仍能感光。

除了灯光，很多妈妈对闪光灯的强烈光线以及太阳光也颇为担心。确实，8个月以下的宝宝因为黄斑没发育完全，面对闪光灯的强光且瞬间照亮的刺激，眼睛往往一下子难以适应。如果给宝宝拍照时总打闪光，很容易对宝宝的眼睛造成伤害。但对日常的太阳光，宝宝会有本能的自我保护意识，如眯眼、闭眼等，除了在夏季七八月太阳暴晒的时候要适当注意，通常只要不直接照射太阳就好。

2　宝宝眼病早发现

对宝宝来说，常见的先天性眼病有先天性小眼球、先天性视网膜脱离、先天性夜盲症和先天性白内障等。这些眼病都是在胚胎发育过程中眼球发育异常而引起的。眼球明显有缺陷的宝宝，如无眼球、小眼球的诊断并不困难。而有的宝宝从眼睛外表不易发现问题，等到2个月后，若仍不能视物或对灯光照射没有反应，这时妈妈就要引起重视了，一定要及时带宝宝到医院眼科检查，明确诊断，尽早治疗。

（八）定期为宝宝剪指甲

　　这一时期的宝宝非常爱动，喜欢到处乱抓，如果指甲很长，很容易便会将自己的小脸抓破。另外，这一时期的宝宝还喜欢吃手，如果指甲长了藏有污垢，宝宝吃手时就会把细菌带入体内，因此妈妈需经常给宝宝剪指甲。宝宝喜欢踢腿，如果脚趾甲过长，踢腿时与裤、袜摩擦，容易发生撕裂，所以也应给宝宝剪脚趾甲。

1　修剪指甲的步骤

　　妈妈可以按照以下方法和步骤给宝宝修剪指甲：

1 选择钝头的小剪刀或前部呈弧形的指甲刀。

2 一手的拇指和食指牢固地握住宝宝的手指，另一手持剪刀从甲缘的一端沿着指甲的自然弯曲轻轻地转动剪刀，将指甲剪下。注意一定要先将宝宝的指甲与指甲下面的软组织分开，才能下手，以防剪掉指甲下的嫩肉。

3 将宝宝的指甲剪至与手指平齐即可，不要剪得太短，以免损伤甲床。

4 剪好后检查一下指甲缘处有无方角或尖刺，以免宝宝划伤自己的皮肤。

2　修剪指甲要点提示

　　给宝宝修剪指甲，妈妈尤其要注意以下几点：

1 给宝宝剪指甲应该定期进行，应根据宝宝指甲的长短来决定剪指甲的次数，至少1周剪1次。宝宝使用的指甲剪应该和大人使用的区别开。每次剪完指甲后应清洗指甲剪，定期消毒，可用肥皂水浸泡或用开水烫洗。

2 最好在宝宝不乱动的时候剪，可选择在喂奶过程中或者等宝宝熟睡时。

3 指甲经过热水浸泡会更容易剪，因此，洗澡后是给宝宝剪指甲的最佳时机。

4 如果指甲下方有污垢，不可用锉刀尖或其他锐利的东西清除，应在剪完指甲后用水洗干净，以防被感染。

（九）带宝宝外出，注意安全问题

他们喜欢变换的风景、清新的空气，喜欢花草树木、蓝天白云，也喜欢遇见不同的人，到不同的地方。因此，爸爸妈妈应适当增加带宝宝到户外去的时间，但是，户外活动也要注意做好安全措施，以防止意外的发生。

1 保护好头、颈是重点

带宝宝外出时，一定要护好宝宝的头部和颈部，因为这个月宝宝的头部和颈部依然很脆弱，容易受伤。爸爸或妈妈竖抱宝宝外出的话，一定要注意宝宝脖子的挺立程度。如果宝宝的脖子能够挺立 20 ~ 30 分钟而不感到疲劳的话，那么外出的时间最好控制在 20 分钟之内。

2 远离宠物、尾气、蚊虫

户外活动时要注意安全，遇到有人带宠物时，要远离宠物，因为别人家的宠物对你的宝宝不熟悉，可能会有攻击行为。

不要把宝宝带到马路旁，过往的汽车放出的尾气含铅量高，如果把宝宝放到小推车里，距离地面不到 1 米，这正是废气浓度最高的地带，对宝宝的危害是很大的，与其这样，还不如让宝宝待在家里。最好把宝宝带到花园、居民区活动场所等环境好的地方，以避免户外蚊虫的叮咬。在树下玩时，要注意树上的虫子、鸟粪、虫粪等掉到宝宝头上或脸上。

3 要时刻关注宝宝

带宝宝外出，几个宝宝的家长碰到一起，交换喂养心得，说得热烈时，常常忘记了身边的宝宝，从而使宝宝发生问题甚至意外。在此要提醒的是，带宝宝外出，妈妈要时刻注意宝宝的安全。

另外，抱宝宝外出时，不要去商店买东西，也不要带宝宝去人多的地方，以免感染疾病。

3 宝宝的喂养

（一）喂养要点

父母在给宝宝添加配方奶时要同时注意相应的营养素，当然，对于这个阶段的宝宝来说，母乳依然是其最好的食物。

1 2~3个月宝宝的营养需求

热量： 这个月的宝宝每日所需的热量仍然是每千克体重 420~462 千焦，如果每日摄取的热量超过 504 千焦／千克体重，就有可能造成肥胖。

维生素 D 和钙： 此阶段仍要注意给宝宝补充维生素 D 和钙，这对于母乳喂养或是人工喂养都是必须的。除了适量服用含有维生素 D 和维生素 A 的维生素制剂和钙类产品，还可以让宝宝多晒晒太阳，促进钙的吸收。

脂肪酸 DHA 和 AA： 脂肪酸 DHA 和 AA 是大脑和视网膜的重要组成部分。母乳中含有丰富的脂肪酸 DHA 和 AA，但是母乳不足或无法给宝宝喂养母乳时，妈妈可以给宝宝选择含有 DHA 和 AA 的奶粉。

2 母乳依然是宝宝最好的食物

有些妈妈担心宝宝只吃母乳会长不大，其实母乳是宝宝最好的食物，完全符合宝宝的需求。只要妈妈自己补充好营养，宝宝的营养就不是问题。在这一时期，宝宝的喝奶量有所增加，喝奶的时间间隔也会延长。以前可能每隔 3 小时就要喝奶的宝宝，现在可以连睡 4~5 小时也不会哭闹，到了晚上还可能延长为 6~7 个小时，现在，妈妈终于可以睡长觉了。睡觉时宝宝对热量的需要量减少，上一顿吃进去的奶量足可以维持宝宝所需的热量。如果宝宝的体重持续增加，夜间睡眠时间也在延长，则证明宝宝已经具备了存食的能力。只要宝宝的精神状态好，爸爸妈妈就不必过于在意宝宝吃奶的次数。

（二）给宝宝最合适的奶量

许多妈妈一个劲儿地希望宝宝多喝奶，长得胖嘟嘟的才好，美其名曰：长得胖才可爱。殊不知，人的肥胖往往是从婴儿时期开始的。那么，究竟要给宝宝吃多还是吃少呢？在这儿告诉妈妈们的是，合适才是最好的。

1 怎样知道吃饱没有？

很多新手妈妈不知道如何判断自己的奶水是否充足，而现在的很多老人会有一些传统想法，喜欢以"自己带过多少个宝宝，经验丰富"为由而"独断专行"，按照自己的想法去护理宝宝。但老一辈的有些想法是不科学的，比如看到宝宝哭闹，就认为他是没吃饱，于是向妈妈施加压力，说妈妈的奶水不足。那么，究竟应怎样判断宝宝是否吃饱了呢？

NO.1 为宝宝称体重

如果宝宝在健康的情况下，体重逐日增加，可以判断平时的喂奶量已达到宝宝需要；如果宝宝在没有患病的情况下体重长时间增加缓慢，则可能说明宝宝每日进食量还不够。

NO.2 听宝宝的哭声

宝宝在吃奶的时候，能够看到他连续吮吸、吞咽的动作，并且能够听到"咕咚咕咚"的吞咽声，这样持续 15 ～ 20 分钟。吃完后，宝宝能够安静地入睡，这说明宝宝已经吃饱了。如果哺乳的时候，宝宝长时间没有离开乳房，有时猛吸一阵，又把乳头吐出来哭闹，哺乳之后啼哭，而且宝宝的体重也没有明显地增加，这多是宝宝没吃饱的表现。

NO.3 看宝宝的睡眠状况

宝宝吃奶之后安静地睡了，一直到下一次吃奶前才有哭闹，这是宝宝吃饱的表现。如果宝宝吃奶时看上去很费力，吮吸不久就睡着了，不到 2 个小时又哭闹，这是他没吃饱的表现。

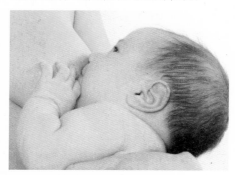

NO.4 观察宝宝的排泄物

如果宝宝的大便秘结、稀薄、发绿，次数增多而排量减小，出现便秘、腹泻，都可能是奶水不足造成的。

2　宝宝最有权利决定吃多少

　　人工喂养的宝宝，满月以后喂奶量从每次 50 毫升增加到 80～120 毫升。但到底应该吃多少，每个宝宝都有差异，不能完全照本宣科，妈妈可以凭借对宝宝的细心观察摸索出宝宝的奶量。如果没有把握，可以此为准：只要宝宝吃就喂，不吃了就停止。不要反复往宝宝嘴里塞乳头，已经把乳头吐出来了，就证明宝宝吃饱了，就不要再给宝宝吃了。总之，宝宝最有权利决定吃多少。

3　请继续坚持按需哺乳原则

　　仍然不要机械地规定喂哺时间，继续坚持按需哺乳。这个阶段的宝宝，基本上可以一次完成吃奶，吃奶间隔时间也延长了，一般 2.5～3 小时 1 次，一天 7 次。但并不是所有的宝宝都这样，一般来说，宝宝一天吃 5～10 次奶比较正常。如果一天吃奶次数少于 5 次，或大于 10 次，要向医生询问或请医生判断是否是异常情况。这个月龄的宝宝晚上还要吃 4 次奶也不能认为是闹夜，妈妈可以试着后半夜停一次奶，或者每次喂奶时间每天往后推迟，从几分钟到几小时。不要急于求成，要耐心。

（三）宝宝增重缓慢，与母乳喂养无关

有人说，母乳喂养会导致宝宝体重增长缓慢，这是真的吗？如果宝宝在头 3 个月内体重增长不足每月 450 克，那么就属于体重增长缓慢。在排除了疾病因素的前提下，我们要仔细观察一下宝宝的吃奶模式及其他生活习性，从中判断到底是什么原因导致宝宝体重增长缓慢。

1 观察乳房在喂奶前后变化

通常，喂奶之前乳房会比较丰满，之后会变软。喂奶几分钟之后，大多数妈妈都会感觉到泌乳反射。如果你感觉不到，就观察一下宝宝。泌乳反射会增加乳汁流量，宝宝的吮吸会更有力，你也会听见更为频繁的吞咽声。此外，你也可以观察宝宝嘴角有无漏奶，听他是否每吸一两口后就会吞咽，看他在吮吸过程中以及吮吸后是否表现出满足感。

2 喂养次数不够频繁

如果宝宝每天吃奶次数在 8 次以下而体重又增长缓慢，妈妈应该采取措施，如增加喂奶次数，以增加宝宝对养分的摄取，同时也增进乳汁分泌量。

3 未及时调整喂养方式

有些妈妈认为只要宝宝体重增长正常，也未感到不适，这都是正常现象。其实不然，宝宝只有每日都能有大便才能将体内毒素及时清理出去，是必须的排毒过程，所以出现便秘现象，无论是母乳还是人工喂养都需要及时调整。人工喂养的可以给宝宝用些益生菌或者菜汁，母乳喂养的除了妈妈需要保证青菜、水果的进食外可以给宝宝补充乳果糖，1 周后逐渐减量。

4 哺乳姿势不正确，宝宝吮吸效率不高

每次喂奶时，宝宝一开始的吮吸是刺激妈妈的乳汁"下来"。妈妈乳汁"下来"之后，宝宝的每一次吮吸都应该伴随着吞咽。最初的饥饿感被满足后，宝宝的吮吸

会缓慢下来。如果妈妈听不到宝宝的吞咽声，可能宝宝没有正确地衔住乳头，从而导致没有进行有效吮吸。

5 其他添加物干扰了宝宝对母乳的吸收

母乳中含有宝宝成长所需的一切液体和营养，错误地添加水或者果汁，只会稀释母乳的热量，导致宝宝体重增长缓慢。添加配方奶，也会减少宝宝对乳头的吮吸，引起母乳分泌量下降。再加上配方奶不容易消化，这便导致宝宝减少母乳摄取量以及吸乳的频繁度。过早添加低热量辅食也会降低宝宝摄取营养的质量，当然宝宝的喂养也应灵活多变，不可以按教条处理。

6 从大小便观察宝宝是否吃够母乳

母乳不像配方奶，吃多少可以定量，一目了然。但是还是可以通过许多蛛丝马迹发现宝宝是否吃够了母乳，其中大、小便就是一个很好的信号。

1 小便次数和颜色

2个月以后的宝宝，小便次数和频率会减少，但是量仍然保持。如果宝宝的排便量明显减少，并且出现皮肤干燥松弛、头发枯干、无精打采、囟门下陷等脱水和生病症状，则需要和医生联络。宝宝尿液的颜色也能提示你他有没有吃到足够的奶水，并从中获得充足的水分。浅色或无色的尿液表明宝宝水分充足；深色、苹果汁一样颜色的尿液则表明宝宝摄入的水分不足。

2 排便次数和颜色

尿液能告诉你宝宝有没有从母乳中获得充足的水分，而大便则能告诉你母乳的"质量"是否达标，即宝宝有没有吃到能促进他茁壮成长的含脂高的后奶。

本月宝宝的消化道趋于完善，排便次数会减少，这时一般是1天1次。而有些母乳喂养的宝宝虽然吃了足够的奶，但三四天才排便1次。其实，只要宝宝增重正常，也未感不适，这都是正常的现象。

如果宝宝的大便一直颜色发暗、量少，且排便次数少，有可能是因为吃奶量不够。有些宝宝虽然吃了足够的奶，但吃奶持续时间不长，或吃奶方式不对，未能触发妈妈的泌乳反射，因而吃不到含有高脂肪、高热量的后奶。在这种情况下，宝宝也许排尿正常，但是增重不够，同时皮肤松弛，也常表现出没有得到满足的样子。

（四）增加泌乳量的秘诀

其实，每个妈妈都是产奶丰富的"奶牛"，只是有时候，因为方法不得当或者你本身的不自信，导致乳汁贮藏在你的乳房中却没办法分泌下来。因此，掌握一些增加泌乳量的秘诀很重要。

1 增加喂奶次数

要增加泌乳量，乳房需要更多来自宝宝的刺激。如果你的泌乳量不足，可增加喂奶次数。至少每2小时喂宝宝1次。白天，宝宝如果睡觉超过2小时，就唤醒他吃奶。晚上，也至少唤醒宝宝1次，多喂1次奶。

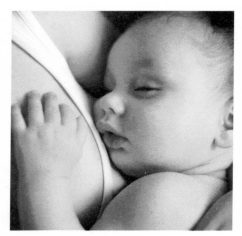

2 两侧乳房轮流喂哺

两侧乳房要轮流喂哺，如果是从右侧开始，在适当的时候就要换到左侧，过一会儿再换回右侧。两侧轮流喂哺可以促进乳汁分泌，还可以预防乳头皲裂、乳汁淤积和乳腺炎等疾病。

3 保持冷静、心情舒畅

保持心情舒畅，对于母乳喂养非常重要。焦虑会妨碍乳汁的泌出，也就是说，即使你的身体生产了母乳，如果你不放松，乳汁就不会流出来。

4 照顾好你自己

如果你要为宝宝制造更多的乳汁，你就必须让自己更有能量，将母乳喂养和照顾自己作为头等大事，而其他的事情，能让旁人代劳就尽量让旁人代劳。

5 充满自信

母乳喂养，自信心非常重要。就算暂时母乳分泌不足，你也不要怀疑你的乳房的泌乳能力，更不要因为家人或者旁人的劝说而给宝宝喝配方奶。

6　想象泌乳反射

想象乳汁分泌的过程，想象跟宝宝的一切，能让大脑与乳房之间的情感链接更加紧密，从而促进乳汁的分泌。

7　寻求专业帮助

如果你暂时母乳分泌不足，你可以向哺乳过的妈妈或者医院里的哺乳顾问请教如何增加泌乳量。

8　按摩刺激泌乳反射

按摩也可刺激泌乳反射，但要掌握正确的方法。按摩不当会导致乳房淤血和肿胀，使乳腺疼痛，不仅让妈妈痛苦而且还会妨碍乳汁分泌。因此，如果是自己按摩，你要充分掌握按摩的方法，不可强行；如果是请别人按摩，一定要请熟练掌握按摩技术的专家。

9　在饮食上注意调养

除非新手妈妈乳腺先天发育不良，否则不会泌乳不足。因此，哺乳妈妈要有规律的生活和合理的饮食安排，才能够保证有充足的乳汁。多吃一些有利于乳汁分泌的食物，如排骨汤、猪蹄汤、鲫鱼汤等。各种下奶食物要交替着吃，以保证食欲和营养的均衡。

（五）及时给人工喂养的宝宝补水

母乳喂养的宝宝不需要补充额外的水分，而配方奶喂养的宝宝常常会需要补充水分。那么，妈妈应如何给人工喂养的宝宝补水呢？

1 水的选择

白开水是宝宝的最佳选择。白开水是天然状态的水，经过多层净化处理后，水中的微生物已经在高温中被杀死，而其中的钙、镁等元素对身体是很有益的。但要注意给宝宝喝新鲜的白开水，因为暴露在空气中 4 小时以上的开水，生物活性将丧失 70% 以上。

2 温度适宜

过冷或过热的水，都会损伤宝宝娇嫩的胃黏膜，影响其消化能力。夏天，宝宝最好饮用与室温相当的白开水；冬天则饮用 40℃ 左右的白开水为最佳。

3 水量适当

年龄、室温、活动量、体温、奶水或食物中的含水量等因素，都会影响宝宝对水的需要量。一般情况下，宝宝每日每千克体重需要 120 ~ 150 毫升水，所以应该在喂奶的间隙适当补充水分。随着宝宝年龄的增长，喂水次数和每次喂水量都要适当增加。

4 讲究方法

宝宝喝水也要讲究方法，首先要做到少"饮"多餐。不要因渴而喝，因为宝宝真正口渴的时候，表明体内水分已失去平衡，身体细胞开始脱水。

其次，宝宝非常口渴时，应该先喝少量的水，待身体状况逐渐稳定后再喝。如果机体短时间内摄取过多的水分，血液浓度会急剧下降，从而增加心脏的工作负担，甚至可能会出现心慌、气短、出虚汗等现象。

（六）夜间哺乳请掌握这6大窍门

许多妈妈尤其是上班族妈妈，一想到夜间要频繁地起来给宝宝喂奶，心里就滋生出一种畏难甚至厌烦的情绪。的确，白天上班已经够辛苦的了，如果晚上还要因为哺乳而不能好好睡觉，那确实是一件痛苦的事情。其实，只要正确认识夜间哺乳的重要性，掌握夜间哺乳的窍门，夜间哺乳将不再是一件痛苦的事情，相反你还可以享受一下夜间哺乳的温馨时光。

1 白天频繁地喂奶

白天频繁地喂奶，让宝宝吃饱，需求在白天已得到满足的宝宝在夜里不会要求更多。

2 睡前喂一次奶

最好在你上床前把宝宝唤醒，喂饱他的肚子，这样你们俩就都能好好睡一觉了。

3 与宝宝同睡

与宝宝同睡的母乳喂养的母婴往往能同时从浅层睡眠进入深度睡眠，再同时回到浅层睡眠。宝宝醒来时，妈妈只要抚摸他或给他喂奶，宝宝就可再次入睡了。

4 两侧乳房都喂

喂奶时，不如让宝宝吃个尽兴，两侧乳房都喂，这样宝宝就不会很快肚子又饿了。

5 喂奶前给宝宝换尿布

如果宝宝的尿布湿了或脏了，在喂奶前要给他换上干净尿布，这样他吃完奶就可以直接睡了。

6 让丈夫也加入到夜间哺育的工作中

说到"哺育"，许多人以为只有妈妈才能给宝宝喂奶，其实"哺育"并不是单指喂奶。在夜里，为分担妈妈的辛苦，爸爸也可以用其他方式"哺育"宝宝，比如爸爸宽阔的胸膛也许能带给宝宝不一样的感觉呢。

（七）人工喂养：喂太胖并非好

有些长辈对奶粉喂养非常推崇——"孙子能吃，长得肥肥白白，还很结实呢！"宝宝胖胖的虽然看起来很可爱，但这对身体并无好处。所有的东西，都要适可而止。

1 宝宝食欲很好

2 ～ 3 个月的宝宝食欲非常旺盛，但爸爸妈妈不能看到宝宝的食欲大增就一味地增加宝宝的食量，进而忽视了宝宝的健康。若宝宝饮食过量，直接的后果就是导致宝宝发胖，同时会增加宝宝肝脏和肾脏的负担，使宝宝的心脏超负荷运行，对宝宝的身体发育不利。

2 3 个月以内的宝宝忌吃盐

这时期宝宝体内所需要的"盐"，主要来自母乳和配方奶中含有的电解质，宝宝吃的菜水中不应放盐。倘若 3 个月以内的宝宝吃咸食，会增加肾脏的负担。

3 人工喂养的宝宝可添加菜汁了

无论母乳喂养还是人工喂养，原则上 3 个月内都不可以添加任何辅食，包括水果汁、蔬菜汁，但如果人工喂养的宝宝不能保证每天有大便，在排除了疾病的情况下可以适当地添加 1 ：1 稀释的果汁或者蔬菜汁。在为宝宝制作蔬菜汁时，一些妈妈认为菜心较嫩，更适合用来煮蔬菜汁。实际上，嫩绿色的菜心在营养上要比深绿色的外叶差很多。因为外层的叶子可以直接受到光合作用，吸收的营养较多，颜色也较深，而里层的叶子因无法获取阳光，叶色相对较浅。蔬菜的营养价值以翠绿色的为最高，即使是同一种蔬菜，也是颜色较深的部位营养价值较高。所以，给宝宝制作蔬菜汁时，要正确选择蔬菜的颜色和部位，才能使宝宝从中获得较好的营养。

（八）母乳为主，奶粉为辅

　　就算是母乳喂养，也很难远离奶瓶和配方奶。妈妈总会因为这样或那样的原因，让宝宝接触到配方奶。为了保险起见，在母乳充足的情况下，妈妈也可以适当锻炼宝宝接受奶嘴和奶粉，这样，就算妈妈哪天母乳不足或是需要外出一段时间，宝宝也不至于饿肚子。

1　添加配方奶的依据

　　宝宝出现长时间叼着妈妈乳头不放或者频繁夜醒，体重增长速度明显下降，低于正常同龄儿，则提示母乳不足，需要添加奶粉了，方法是如果宝宝不拒绝奶瓶则在每次吃完母乳拍背 5 分钟后添加，添加的量以宝宝满足为准。如果宝宝拒绝奶瓶则需要在宝贝饿的时候先吃30 毫升奶粉，再吸吮母乳，妈妈逐渐琢磨宝宝需要添加的奶量，2 ~ 3 天后即可顺利混合喂养。

2　锻炼宝宝接受橡皮乳头或配方奶

　　3 个月大的母乳喂养的宝宝不接受橡皮乳头或配方奶，这种情况比较常见。为了防止下个月可能会出现的母乳不足，最好从这个月开始锻炼宝宝吮吸橡皮奶嘴，偶尔喝一次配方奶，让宝宝习惯橡皮奶嘴和配方奶的味道。否则到了下个月，从没有吃过橡皮奶嘴的宝宝会抗拒橡皮奶嘴，也会拒绝用奶瓶吃奶。

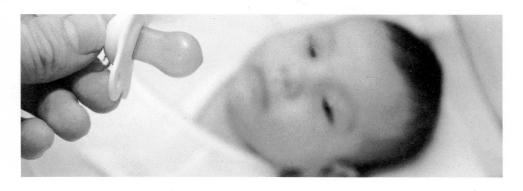

4 应对不适症，妈妈有妙招 ·········

（一）湿疹：可能因过敏引起

湿疹起病大多在宝宝出生1～3个月，6个月逐渐减轻，一岁半时大多数患儿可以痊愈，个别的宝宝可以延长到幼儿及儿童期。

1 区分湿疹和痱子

湿疹和痱子的症状有些相似，如果妈妈观察得不仔细，很有可能将其当成痱子处理，结果会使病情越来越严重。那么如何区分痱子和湿疹呢？

夏季是痱子的多发季节，痱子多出现在宝宝的额头、前胸、后背，表现为针尖大小的红色或白色小斑点，勤用清水洗可减轻皮疹。随着天气逐渐变冷或气温降低，痱子很快就可以消失。而湿疹一年四季都有可能发病，多出现在宝宝的脸部、胸部及臀部，是极小的红色斑点或小痘痘，多成片出现，并且容易反复，如果遇水或出汗会更加严重。

2 宝宝为什么会出湿疹呢?

婴幼儿时期的宝宝皮肤发育尚不健全，最外层表皮的角质层很薄，毛细血管网丰富，内皮含水及氯化物也很丰富，如果妈妈对宝宝的皮肤护理不当就易发湿疹。如果宝宝属于过敏体质，哺乳妈妈若食用了可能引发过敏症的食物，就会使宝宝体内发生变态反应，从而引起湿疹。还有动物皮毛、花粉、灰尘、肥皂、药物、化妆品、化纤织物、染料、紫外线等外物因素也会引发过敏症状，导致宝宝患上湿疹。妈妈给宝宝喂食过多，导致消化不良也会使宝宝患上湿疹。另外宝宝摄入太多的糖分，肠道有寄生虫，受到强光的照射，家族性遗传等因素都会引发湿疹。

3 湿疹的日常护理

1 观察宝宝是否食用过敏食物，如配方奶、植物蛋白等。如果宝宝在已经开始添加辅食后出现湿疹，那么吃过每一种食物后都要注意观察宝宝的病情有没有加重。如果宝宝对母乳过敏，就改用配方奶；如果宝宝对配方奶过敏，就应使用特殊的配方粉，如氨基酸或短肽配方粉。

2 给宝宝穿的衣服要柔软、光滑，尽量宽松，以免刺激到宝宝的皮肤。

3 妈妈应尽量少给宝宝使用护肤品。

4 室温不能过高，给宝宝穿的衣服和盖的被子也不能过厚，宝宝过热或出汗会使病情加重。

5 不要用过热的水给宝宝洗澡。

6 宝宝的尿布要勤洗勤换。

还要提醒妈妈的是，如果宝宝将患处抓伤，则有可能引发皮肤感染甚至败血症。宝宝白天在睡觉的时候需要有专人看护，湿疹可能会引起瘙痒，宝宝会下意识地去挠痒痒，不要让宝宝的小手到处乱抓而碰到患处；夜间可以给宝宝戴上小手套，手套的质地一定要柔软，或将宝宝的胳膊稍稍束缚一下。

4 湿疹的治疗

宝宝患有湿疹轻症可以外用郁美净儿童霜，效果不错，或外用 15% 氧化锌油、炉甘石洗剂或 121% 氧化锌软膏，每天 2～3 次。也可以用一些含有皮质类固醇激素的湿疹膏，此类药物能够很快控制症状，但是停药后容易反复，不能根治。使用此类药物不能超过 1 个月，以免引起依赖或不良反应。如果是合并感染的湿疹，严禁使用激素。所以在用药前，一定要看好说明书，争取用得恰到好处。一般强效的激素类药物不建议用在面部。口服药能止痒和抗过敏，如扑尔敏、非那根、息斯敏等，但它们都有不同程度的镇静作用。

（二）宝宝的红屁股怎么办？

红屁股在医学上称为尿布疹或尿布皮疹，是小婴儿常见的一种皮肤病，表现为与尿布接触部分的皮肤出现边缘清楚的鲜红色红斑，呈片状分布。严重时其上可发生丘疹、水疱、糜烂，如有细菌感染还可产生脓包。

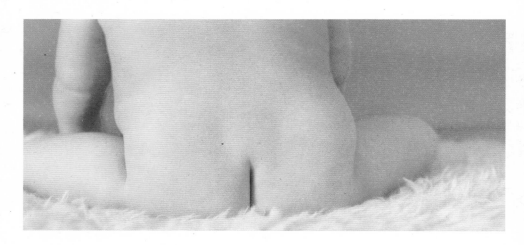

1 为什么会出现红屁股？

小婴儿排尿便是无意识进行的，所以臀部会经常接触到湿尿片。由于尿液中含有尿酸盐，粪便中含有吲哚等多种刺激性物质，兜尿布后，这些物质持续刺激臀部皮肤，加上宝宝的皮肤非常娇嫩，就产生了红屁股。

2 怎样护理好宝宝的红屁股？

如果宝宝只是出现了轻度的红臀，爸爸妈妈只要给宝宝做好日常的护理工作，就可以使宝宝的小屁股恢复正常。在护理的时候，要注意：

1 如果出现了溃烂渗液，可以用黄柏、滑石、甘草磨成粉，加芝麻油调和之后敷在宝宝的臀部，能够有效地治疗红臀。

2 有糜烂时可让患儿伏卧，用吹风机吹宝宝的红屁股。

3 在阳光好、温度适宜的时候，可以给宝宝晒晒小屁股，也可以有效治疗宝宝的红屁股。不过，如果红屁股持续很长时间不愈，建议妈妈们带宝宝在医院做检查，并在医生的指导下用药。

（三）枕秃：预防和治疗从现在开始

2个月的宝宝几乎都会出现脑后头发稀少的现象，只是每个宝宝枕部头发稀少程度不同，严重者枕部几乎见不到头发，医学上将这种现象称之为"枕秃"。

1　枕秃是否由缺钙引起？

一提到枕秃，很多妈妈首先会想到宝宝是否缺钙了。实际上，并不是所有的枕秃都是由缺钙引起的。枕秃的形成大多与宝宝的睡姿或枕头的材质有关。这个月的宝宝大部分时间都是躺在床上的，脑袋跟枕头接触的地方容易发热出汗使头部皮肤发痒，所以宝宝通常会通过左右摇晃头部摩擦枕头来止痒，枕部头发就会被磨掉而发生枕秃。

2　对"症"治疗枕秃

妈妈们不要发现宝宝有枕秃，就忙着给宝宝补钙，要先弄清楚枕秃是由什么原因引起的，然后再对症处理。

1. 枕头或温度引起的枕秃

如果是由于枕头或温度引起的枕秃，妈妈可以采取下面的措施来改善：

1 加强护理。给宝宝选择透气、高度适中、柔软适中的枕头，随时关注宝宝的枕部，发现有潮气，要及时更换枕头，以保证宝宝头部的干爽。

2 调节室温。宝宝脑袋跟枕头接触的地方容易发热出汗使其头部皮肤发痒，宝宝就会左右摇晃头部，经常摩擦后，枕部头发就会被磨掉而发生枕秃。因此，妈妈要注意保持适当的室温，以降低宝宝头部与枕头长期接触而产生的高温。

2. 缺钙引起的病理性枕秃

如果是缺钙引起的病理性枕秃，妈妈就要注意给宝宝补钙。由于婴儿时期的所谓缺钙，主要是因维生素D缺乏所引起的，对于这种情况，我们要在医生的指导下及时添加维生素A和维生素D，或者通过户外晒太阳，利用紫外线的照射来使人体自身合成维生素D。总之，妈妈们对待宝宝出现枕秃的态度要放正，既不能过于紧张，也不能无动于衷，要具体情况具体分析！

（四）夜啼：夜里有个爱哭鬼

许多宝宝白天还是该吃时吃，该睡时睡，该玩时玩，可是，一到夜晚就像变了个人似地不停地啼哭，而且很难哄住，让爸妈和家人疲惫不已。

1 宝宝为什么一到夜晚就啼哭不止？

所谓的小儿夜啼是指宝宝白天的时候很正常，一到夜间就啼哭，或间歇发作，或持续不已，甚至通宵达旦。民间常称为"夜哭郎"。导致宝宝在夜间啼哭的因素有很多，爸爸妈妈可以从时间、症状、部位三方面来辨别原因，具体方法见下表：

表 2-3：宝宝夜啼原因对照表

根据时间 / 诱发动作来辨别	可能原因
喝奶时啼哭	口腔炎、鼻塞或先天性心脏病、肺部疾病所致氧气不足
喝奶之前或午夜后啼哭	饥饿
排便时啼哭	尿道口炎、膀胱炎、结肠炎、消化或泌尿系统畸形
受刺激后，啼哭的出现较正常婴儿迟缓	大脑病变
转头或低头时哭	脑膜刺激症、颅内压增高等
若牵扯耳廓会哭闹，睡在床上就哭，抱起就不哭	中耳炎、不良睡眠习惯
因体位改变或触及某些部位而啼哭	宝宝身体某部位患有病症
啼哭并伴有呼吸、心率增快	心、肺疾病
啼哭并伴有发热、咳嗽、流涕等	呼吸道感染
啼哭并伴有多汗、易惊症状	佝偻病、营养不良
啼哭并伴有面色苍白，肝、脾、淋巴结肿大	血液方面的疾病
阵发性剧哭并伴有呕吐、便血	肠梗阻、肠套叠、痢疾、出血坏死小肠炎

2 应对夜啼有妙招

宝宝出现夜啼，需要爸爸妈妈的精心呵护，做好以下护理，宝宝晚上自然可以睡得香甜。

1 环境安静，床上用品得当

爸爸妈妈要注意宝宝所在居室环境的安静，要给宝宝准备一套单独使用的床单、被子，要求薄厚得当，避免宝宝夜里睡觉过热或过冷。

2 宝宝是否舒适?

爸爸妈妈要注意观察宝宝是否舒适，如果宝宝的哭声高亢、冗长，则表示宝宝尿布湿了，身体很不舒服，要换尿布了。另外，宝宝衣服、被褥中的异物刺伤皮肤，宝宝身体的某个部位被线头缠住等，也会导致宝宝啼哭。

3 掌握食量

爸爸妈妈一定要掌握宝宝的食量，尤其是晚上的食量，既要让宝宝吃饱，又不能太饱。宝宝睡前不宜喝太多水，这样宝宝才能睡得安稳、踏实。

4 情感安抚

依赖爸爸妈妈是宝宝的天性，6个月以下的宝宝非常需要爸爸妈妈的陪伴。当宝宝醒来后发现爸爸妈妈不在身边，便会号啕大哭以表示自己的不满。对于宝宝的啼哭，爸爸妈妈应尽量回应，多抱抱宝宝，亲亲他，温柔地和他说话，宝宝便会安静下来。

一般情况下，只要环境舒适、饮食适当、活动适度、身体健康，宝宝很少会发生夜啼现象。如果宝宝的哭声与平日不同，哭声持续时间长，且哭声显得十分痛苦，爸爸妈妈就要考虑宝宝是否生病了，须及时带宝宝去医院就诊。

5 专业的睡眠按摩

宝宝夜间哭闹在排除表中疾病因素的情况下，则可归结为行为问题性睡眠问题，可以通过专业按摩师对宝宝进行有针对性的改善睡眠的按摩，以达到让宝宝每日安静入睡的目的。

（五）打呼噜：多半是病态的表现

宝宝睡觉了，屋里静悄悄的，突然妈妈听到细微的呼噜声。咦？这是谁在打呼噜呢？原来是宝宝发出的呼噜声。有时我们听到别人打呼噜，常常认为对方睡得太酣了。但是，当你听到小宝宝打呼噜时，千万不要以为宝宝也在甜睡，因为宝宝打呼噜多半是病态的表现。

1 宝宝呼噜声里的健康隐患

正常的宝宝呼吸系统非常顺畅，睡觉时是不会打呼噜的。宝宝打呼噜应该是呼吸系统受到了阻碍，如果每周出现 2～3 次打呼噜的现象就是一种病态睡眠了。宝宝打呼噜要比成人打呼噜的危害程度更大，轻者可导致宝宝精力不集中、记忆力差，妨碍宝宝身体和心理的正常生长发育，严重者会造成宝宝在睡眠时呼吸暂停。

2 探寻打呼噜的原因和应对措施

一般来说，宝宝打呼噜是由以下几个原因引起的：

NO.1 奶块淤积

宝宝的呼吸通道，如鼻孔、鼻腔、口咽部比较狭窄，奶块淤积很容易使呼吸不畅通，导致宝宝睡觉时打呼噜。

应对措施：轻拍背部，稀释奶块。妈妈喂好奶后，不要立即将宝宝放下睡觉，应将他抱起，并轻拍宝宝背部，可以防止宝宝因奶块淤积而打呼噜。如果宝宝食道中的奶块淤积已经影响到了喂奶，可以往宝宝鼻腔里滴 1～2 滴生理盐水，稀释一下奶块。

NO.2 睡姿不好

面部朝上睡会使舌头根部因重力关系而向后垂，从而阻挡咽喉处的呼吸通道，导致打呼噜的现象发生。排除问题的关键是试着给宝宝换一个睡姿。

NO.3 呼吸道组织结构问题

腺样体肥大、鼻息肉、口咽局部结构不相对应都会导致宝宝睡眠时打呼噜，多数宝宝在侧卧等改变体位后呼噜声就可以消失，但如果出现睡眠中呼吸暂停时就需要及时就诊于耳鼻喉科了。

5 宝宝的"早教课堂"开课了……

（一）益智亲子游戏

　　这个月，宝宝已经能跟妈妈进行一些简单的互动了，所以，爸爸妈妈要多和宝宝交流、做游戏，让宝宝早日从"混沌"中走出来。

妈妈哪去了：
激发愉快情绪

　　这个阶段的宝宝特别喜欢看亲人的脸，但是他还不能完全理解妈妈动作所表达的意义，需要妈妈通过夸张的语调，帮助宝宝认识到动作的特别性。游戏方式如下：

①轻轻呼唤宝宝的名字，吸引宝宝的注意。妈妈突然用双手捂住脸，问宝宝："妈妈在哪？"

②然后将双手拿开，对着宝宝说："妈妈在这儿。"如此反复几次，逗宝宝笑。

　　这个游戏可以激发宝宝愉快的情绪体验，有助于增进宝宝与家人之间的情感。

手帕不见了：
促进智力发育

　　这个游戏可以吸引宝宝的注意力，调动其情绪和思维，开发其智力。

①妈妈先准备好一条手帕，将手帕挡在宝宝的脸上。

②过会儿将手帕拿开，并用愉快的语调说："不见了！"

沙锤响啊响
深化听力

用这个方法训练宝宝的眼睛盯着沙锤，并张开手想抓沙锤。这个游戏可以刺激宝宝的听觉发展，提高宝宝对声音的感觉。

①妈妈拿着沙锤放在宝宝前方摇动，说："宝宝，沙锤在这儿！"

②然后拿沙锤在宝宝的后方摇动，再问："宝宝，沙锤在哪里呢？"

③再慢慢移到右方摇动，注意观察宝宝的眼、耳和手的动作。

④再将沙锤慢慢移到宝宝能看到的左方摇动。

球球摸宝宝
促进触觉发育

这个游戏可刺激宝宝的手掌、脚掌，促进宝宝触觉发育，发展宝宝智力。

①准备一个直径10厘米左右、表面有突出颗粒的小触摸球。

②然后用小触摸球轻轻地抚摸宝宝的身体。

③用小触摸球轻轻地抚摸宝宝的手指、脚趾。

抚摸妈妈的脸

开发宝宝的触觉

抱起宝宝，把宝宝的手放在你的脸上，告诉宝宝，这是眼睛，这是鼻子，这是嘴巴。当宝宝的小手抚摸到妈妈的嘴巴时，轻轻地咬一下宝宝的小手，宝宝会很高兴。然后轻轻地拍着宝宝，轻声地对他说话。说什么不重要，关键是这种温馨的氛围会让宝宝很舒服。这个游戏可以让宝宝感受触摸的感觉，开发宝宝的智力。

响响玩具：

促进听觉

准备好不同大小、不同质地的各种可以发出响声的玩具放在宝宝床边，妈妈手中可拿着响响玩具一边晃动一边对宝宝说："宝宝，你看，这是沙锤，来听妈妈摇一摇，叮叮叮。"要是手拿小狗玩具，就说："宝宝，你看，这是小狗，汪汪汪。"妈妈要不断根据玩具变化声音，宝宝会很高兴听到各种变化的语言和语调。这个游戏可锻炼宝宝的听觉能力，为宝宝开口说话打下基础。

宝宝照镜子：

观表情，知心情

妈妈可以和宝宝一起做照镜子的游戏，游戏方法如下：

妈妈抱着宝宝共同照镜子，妈妈做出各种表情，如哭、笑、生气等，并让宝宝通过镜子来观察妈妈的表情。同时，妈妈还可以念儿歌："宝宝哭，呜呜呜；宝宝笑，哈哈哈；宝宝生气撅小嘴。"在此过程中，妈妈可以指导宝宝练习"呜"、"哈"的发音。这个游戏可以让宝宝观察不同的表情，了解对方心情。

（二）适合 2 ~ 3 个月宝宝的被动操

被动操是通过成人的帮助，使宝宝运动来达到健身的目的，也为以后的主动运动做准备，因此必须运动宝宝的全身，以使宝宝的肌肉得到全面锻炼，促进宝宝大脑的发育。

1 转头

目的：这是一节发展颈部肌肉的操。头部在人体运动和感、知觉发展方面有着重要的作用，锻炼支撑头的颈部肌肉，能为翻身打基础。

注意：动作要缓慢，当宝宝不愿意时不要勉强，宝宝转头自如后可停止这一练习。

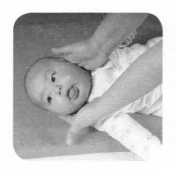 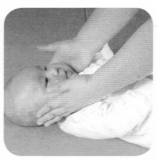 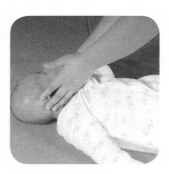

①宝宝仰卧，帮助宝宝向右转。　②转回正面。　③头向左。再回正。

2 低头

目的：为仰卧起坐、前滚翻打基础。

注意：颈部是脊髓通过的部位，宝宝颈部肌肉力量还小，因此妈妈的手法要轻，口令速度要慢一些。

 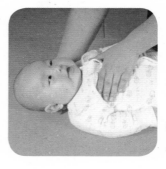

①宝宝仰卧。如图，首先使宝宝低头。　②回正。重复做 1 个 8 拍。

3 手臂屈伸运动

目的：为以后拿、取东西，支撑、攀登等做准备，发展宝宝上臂的屈肌、伸肌和手腕力量。

注意：这节操妈妈要握住宝宝的手，而不是上臂，让宝宝做操时有手腕运动的感觉。做2个8拍。无论是上、下肢还是转头的练习，都要让宝宝两侧训练，肌肉才能全面锻炼。

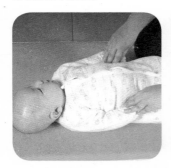

①宝宝仰卧，双手伸直放于身体两侧，手心向上，妈妈跪坐于宝宝脚部。

②妈妈将宝宝的前臂屈回至胸前位置。

③然后将宝宝的前臂向上伸展。

4 脚屈伸运动

目的：脚踝的运动对于爬行（初期）、直立行走、跑、跳都有重要的意义，也可以预防婴幼儿因为学步车形成脚尖走路的坏习惯。

注意：每次左、右两只脚都要做。

①宝宝仰卧，妈妈双手分别握住宝宝的小腿和脚。

②然后，妈妈帮助宝宝将脚向里勾。

③之后再绷紧脚面。左右脚各做1个8拍。

5 单腿屈伸运动

目的：锻炼脚踝、大腿肌肉，为翻身做准备。

注意：向左或向右时稍停，让宝宝有体会翻身的时间。

①宝宝仰卧，两腿伸直。妈妈双手抓　②右腿单腿弯曲，大腿贴胸。
住宝宝脚踝。

③向左。　④右腿单腿弯曲，还原。反方向运动，
做2个8拍。

6 直膝举腿运动

目的：锻炼宝宝的腹部肌肉，体会双腿伸直的感觉。

注意：举腿超过直角。这一节动作幅度较大，所有口令节奏慢一些。

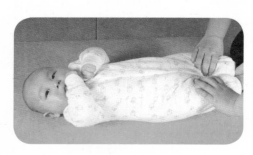

①宝宝仰卧，两腿伸直。成人双手握
住宝宝膝盖。

②然后，妈妈将宝宝的双
腿上举。

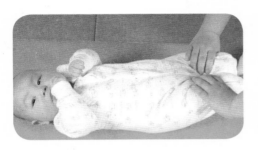

③还原到开始姿势。

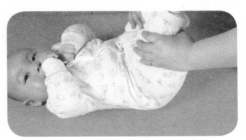

④腿再次上举后，还原到
开始姿势，做 2 个 8 拍。

7 手指运动

目的：锻炼宝宝的手指灵活性。

注意：在按压宝宝手指的过程中，妈妈的动作一定要轻柔，切忌用力过大。

①宝宝仰卧，一手抓着宝
宝手腕。

②用另一手帮助宝宝把食
指伸出来，动作要轻柔。

③然后把食指按压回原
位。如此依次先拉伸后按
压宝宝的五个手指。

Chapter 3

4 ~ 6月：长牙牙，吃辅食

宝宝渐渐长大了，
已经不再是之前那个动不动就放声大哭的"爱哭鬼"。
他学会翻身，
开始长牙牙了，
笑起来的时候露出一两颗小牙齿非常可爱。
除了喝母乳和配方奶，
宝宝在这个月起，
也可以逐渐添加辅食了哦！

1 宝宝的成长发育

（一）身体发育指标

看着宝宝一天天长大，爸爸妈妈会发现，育儿路上即使再苦再累也是让人觉得快乐的。那么，宝宝的体重、身高、头围等增长幅度是否在正常范围内呢？这是父母们最关心的问题。现在一起来看看宝宝这 3 个月的各项身体发育指标吧。

表 3-1：4 月宝宝身体发育指标

特 征	男宝宝	女宝宝
身高	平均 65.1 厘米（60.7 ~ 69.5 厘米）	平均 63.8 厘米（59.4 ~ 68.2 厘米）
体重	平均 7.5 千克（5.9 ~ 9.1 千克）	平均 7.0 千克（5.5 ~ 8.5 千克）
头围	平均 42.1 厘米（39.7 ~ 44.5 厘米）	平均 41.2 厘米（38.8 ~ 43.6 厘米）
胸围	平均 42.3 厘米（38.3 ~ 46.3 厘米）	平均 41.1 厘米（37.3 ~ 44.9 厘米）

表 3-2：5 个月宝宝身体发育对照表

特 征	男宝宝	女宝宝
身高	平均 67.0 厘米（62.4 ~ 71.6 厘米）	平均 65.5 厘米（60.9 ~ 70.1 厘米）
体重	平均 8.1 千克（6.3 ~ 9.9 千克）	平均 7.5 千克（5.9 ~ 9.1 千克）
头围	平均 43.0 厘米（40.6 ~ 45.4 厘米）	平均 42.1 厘米（39.7 ~ 44.5 厘米）
胸围	平均 43.0 厘米（39.2 ~ 46.8 厘米）	平均 41.9 厘米（38.1 ~ 45.7 厘米）

表 3-3：6 个月宝宝身体发育对照表

特 征	男宝宝	女宝宝
身高	平均 68.6 厘米（64.1 ~ 73.1 厘米）	平均 67.0 厘米（62.4 ~ 71.6 厘米）
体重	平均 8.4 千克（6.6 ~ 10.2 千克）	平均 7.8 千克（6.1 ~ 9.5 千克）
头围	平均 44.1 厘米（41.5 ~ 46.7 厘米）	平均 43.0 厘米（40.4 ~ 45.6 厘米）
胸围	平均 43.9 厘米（39.7 ~ 48.1 厘米）	平均 42.9 厘米（38.9 ~ 46.9 厘米）

（二）宝宝成长大事记

一步一步伴随宝宝的成长，有痛苦也有快乐，有艰辛也有收获。这3个月里，爸爸妈妈会和宝宝一同经历哪些"成长的大事"呢？一起来看看吧。

1 体重增速减慢

从这个月开始，宝宝体重增长速度开始下降，这是规律性的过程，爸爸妈妈们一定要清楚。4个月以前，宝宝每个月平均体重增加 0.9 ~ 1.25 千克；从第 4 个月开始，体重平均每月增加 0.45 ~ 0.75 千克。

3 听觉发育：可以集中注意力听音乐了

在这个月里，宝宝的听力有了很大的发展。如果你放一段音乐，正在哭闹的宝宝就会停止他的哭声，扭头寻找音乐所发之处，并集中注意力倾听音乐。

当听到柔美的曲子时，小宝宝还会拍打着小手，小嘴咿咿呀呀地发出一连串欢快的声音。若是听到嘈杂刺耳的声音，小宝宝则会表现出受到惊吓的样子。因此，爸爸妈妈应多给宝宝听一些欢快、柔美的曲子，避免给宝宝听嘈杂刺耳的音乐。

2 视觉发育：有了视觉反射

当宝宝的目光已经能够集中于较远的物体时，这表示他的视觉反射已形成了。妈妈要利用宝宝建立起来的视觉反射，教宝宝认物品，如喂奶前晃动奶瓶对宝宝说这是奶瓶，慢慢地，宝宝看到奶瓶时，不但会联想到吃奶，还会联想到它叫什么，这就是语言与视觉的联系。而当妈妈说"奶瓶"这个词时，宝宝就会用眼睛到处找奶瓶，这就是听觉与视觉之间的联系。再以后，当宝宝看到奶瓶，就能够说出"奶瓶"这个词来了。所以说，听、看、说、闻等这些运动、思维活动都是相互联系的，训练也应是全方位的，不应该是孤立的。

4 味觉发育：舌头味蕾已形成

4 ~ 6 个月是宝宝味觉发育最为迅速的时期，在这段时间，宝宝的舌头上已经形成味蕾，可以区分出酸、甜、苦、辣等不同的味道，并且宝宝舌头上的"味蕾"会对这些味道留下"记忆"。如果爸爸妈妈喂的食物宝宝不喜欢时，他就会拒绝，但对于那些自己喜欢的食物，宝宝则会主动伸手去抓住食物，然后往自己嘴里送。

5 记忆力发育：记忆力增强了

这个月的宝宝，只要一看到爸爸妈妈或者奶瓶，就会眉开眼笑，手脚快活地舞动；如果看到陌生人或者使自己受到惊吓的场面，就会大哭不已。这一切说明，宝宝已经有了自己的记忆。因为爸爸妈妈和奶瓶在宝宝眼前出现频率最多，而且也给宝宝带来欢乐和满足，所以宝宝对他们记忆深刻，一看见就高兴。而对于陌生人，宝宝因没有记忆而感到害怕；对于使自己受到惊吓的场面，因宝宝的大脑中已经存储了曾经受到惊吓的记忆，所以会感到害怕。

6 精细动作能力发育：开始抓东西

4～6个月的宝宝会用一只手去够自己想要的玩具，并能抓住玩具，但准确度不够，做一个动作需反复好几次。玩玩具的时候，如果玩具掉到地上，他会用目光追随掉落的玩具。这几个月龄的宝宝还有一个特点，就是不厌其烦地重复某一个动作，比如经常故意把手中的东西扔在地上，捡起来再扔；或把远处的一件物体拉到身边，推开，再拉回。如此反复动作，是宝宝在显示他的能力。

7 语言发育：宝宝咿呀学语啦

在这个阶段里，宝宝仍然不会说话，但在语言方面却有了一个惊人的变化，那就是宝宝已经进入了咿呀学语阶段。在这一阶段，宝宝对语音的感知更加清晰，发音变得更加主动，会无意识地叫"mama"、"baba"、"dada"啦。对于爸妈来说，这真是一件振奋人心的事情啊！

当宝宝发出语音时，爸爸妈妈不能仅仅沉浸在自己的喜悦之中，还要积极地对宝宝做出回应。宝宝发出"mama"的语音时，妈妈要马上说"妈妈在这里"，最好能用手指着自己对宝宝说："我就是宝宝的妈妈。"把语音和实际结合起来，宝宝会更加快速地学会发音，并能运用它。爸爸也要常常告诉宝宝自己是谁，在做什么。这个阶段里，宝宝学习语言的最佳途径仍然是爸爸妈妈多说，宝宝多听。看到什么说什么，不断反复地说，并让宝宝看见、摸到，让宝宝不断感受语言，认识事物。

② 宝宝的日常护理

（一）呵护宝宝娇嫩的肌肤

其实，要想让宝宝拥有水嫩肌肤并不难，掌握以下几点即可。

1 秋冬季节，战胜干燥并不难

宝宝现在还不会说话，他们有很多"说不出的心事"，不知道如何向爸爸妈妈表达。比如，在秋冬季节，宝宝的皮肤变得十分干燥，这时候，宝宝很想告诉爸爸妈妈："我的皮肤'口渴'了，快来给我补补水吧。"

宝宝的这些无声诉求爸爸妈妈当然听不到啦。若掉以轻心或者护理方法不正确，时间长了，宝宝的脸部和唇部就会变得干裂。瞧，宝宝这是在用有形的"面部语言"和"唇部语言"来向爸爸妈妈抗议："请用正确的方式来护理我的皮肤！"爱宝宝的爸爸妈妈们快来，还等什么呢？看看呵护宝宝水嫩肌肤的 3 个秘诀吧。

NO.1 给宝宝的稚嫩肌肤罩上一层"保护膜"

宝宝的皮肤需要 3 年的时间才可以发育至与成人皮肤相同。尚未成熟的肌肤特别娇嫩敏感，极易受到干燥气候的伤害，导致皮肤干裂。含有天然滋润成分的护肤产品如乳液（润肤露）、润肤霜和润肤油等，可以给宝宝的稚嫩肌肤罩上一层"保护膜"，使宝宝的皮肤形成有效防护。其中，乳液（润肤露）、润肤霜和润肤油的滋润效果又有所不同，爸爸妈妈可以根据宝宝的皮肤状况来选择适合宝宝的润肤产品。

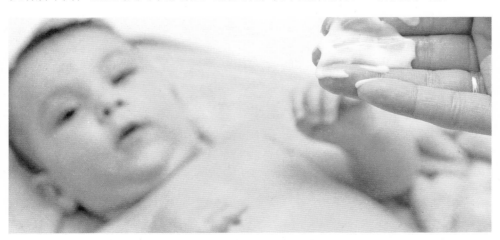

💜 **乳液（润肤露）：**

滋润程度：☆☆☆

乳液（润肤露）中含有天然的保湿因子，可以使宝宝的皮肤得到有效滋润。

💜 **润肤霜：**

滋润程度：☆☆☆☆

润肤霜中所含的油性分子要比乳液（润肤露）要高，滋润效果要更好一些。

💜 **润肤油：**

滋润程度：☆☆☆☆☆

润肤油中含有天然的矿物油，可以有效预防宝宝皮肤干裂，相比于润肤霜和乳液，润肤油的滋润效果要更强一些。

NO.2 三步走，呵护宝宝稚嫩的小嘴唇

冬天到了，凛冽的寒风刮得人瑟瑟发抖，同时，也让人的嘴唇变得干干的。这时，即便是成人也会给自己涂上润唇膏或唇油。和成人相比，宝宝的小嘴唇更为娇嫩，到了冬天更易起皮、干裂，可是，小宝宝这时还不能用润唇膏或唇油，这时爸爸妈妈要怎么护理宝宝稚嫩的小嘴唇呢？

💜 **第一步：**当宝宝唇部干裂时，爸爸妈妈可以先用湿热的小毛巾敷在宝宝的嘴唇上，让宝宝的嘴唇吸收充分的水分。

💜 **第二步：**爸爸妈妈在宝宝的嘴唇上涂一些芝麻油，可以起到滋润宝宝唇部的效果。

💜 **第三步：**最后需要提醒爸爸妈妈的是，一定要让宝宝多喝水。宝宝多喝水，唇部才会水水的。

NO.3 给宝宝擦洗千万不要用粗糙的毛巾

和成人的皮肤相比，宝宝的皮肤更薄、更娇嫩。宝宝皮肤中的胶原纤维比较少，缺乏弹性，很容易被外物渗透和摩擦受损。如果爸爸妈妈用粗糙的毛巾给宝宝擦洗，会使宝宝皮肤受到损伤，并使宝宝皮肤变得粗糙、老化，因此，爸爸妈妈在给宝宝洗脸时应该选择质地柔软的毛巾。

（二）宝宝皮肤护理

宝宝红润细腻的皮肤看上去十分漂亮，摸上去柔柔滑滑的，十分惹人喜爱。爸爸妈妈都希望自己的小宝宝能够拥有这样的肌肤，那么应该怎样做呢?

1 带宝宝进行日光浴

爸爸妈妈要经常带宝宝进行日光浴，宝宝的皮肤接受日光的照射后会变得更加健康，并能增加宝宝身体的免疫力。需要提醒爸爸妈妈的是，夏季上午10点到下午3点这段时间不宜带宝宝进行日光浴，因为这段时间紫外线过于强烈，会对宝宝的皮肤造成伤害。

2 注意宝宝的辅食喂养

爸爸妈妈应按时给宝宝添加辅食，均衡宝宝的饮食，让宝宝多喝水。宝宝吃得健康，皮肤才会变得更加水嫩。另外，水果能补充宝宝体内的水分和营养，爸爸妈妈可让宝宝适量地喝一些果汁。

3 保持皮肤清洁

爸爸妈妈要注意保持宝宝皮肤的清洁，最好的办法就是经常给宝宝洗澡。小宝宝洗完澡之后，要将宝宝放在大毛巾上，边裹边擦，擦好后可以给宝宝适当涂一些润肤油或润肤露，帮宝宝按摩一下，待吸收完后再给宝宝穿好衣服。在此过程中，一定要注意室内温度，避免温度过低而导致宝宝感冒。

4 适时给宝宝增减衣物

爸爸妈妈要适时给宝宝增减衣物，因为过热或过冷都会对宝宝的皮肤带来伤害。爸爸妈妈给宝宝穿过多衣服会使宝宝身体过热、出汗过多，而引起湿疹；而过冷，宝宝则容易感冒。

5 保证宝宝的睡眠充足

想要宝宝拥有红嫩水润的肌肤，爸爸妈妈还应保证宝宝每天有充足的睡眠，只有宝宝的睡眠充足了，宝宝的新陈代谢才能得到好的循环。

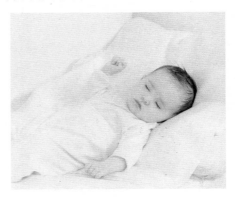

6 适当给宝宝按摩

给小宝宝洗完澡后，妈妈可适当给宝宝按摩，这不仅能促进宝宝免疫系统的发育、加强血液循环，还可锻炼宝宝的肌肉，皮肤变得越来越好。

（三）把屎把尿也是一门学问

有位妈妈说："每天为了能保证宝宝屁股的干爽，我必须全天 24 小时处于高度紧张状态，犹如 FBI 特工，可惜效果往往不尽如人意，常常在自认为安全的时段出现'水漫金山'的场景……"看来，把屎把尿也是一门学问。

1 留意小便信号，并及时响应

从宝宝 3 个月开始就可以进行把尿训练了，这也是培养宝宝形成良好排便习惯的开始，是宝宝成长过程中的必经之路。

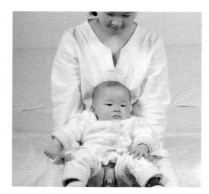

仔细观察宝宝的话，会发现，宝宝想尿尿的时候是有迹可寻的。每个宝宝都有属于自己的表情，当宝宝有了尿意时，常常会表现得跟一般时候不一样，比如打激灵，也就是俗话说的"打尿颤"。当宝宝忽然身体有轻微的颤抖，或者双腿不自觉地摆动，一般就表示有尿意。再比如宝宝在睡梦中突然扭动身体，或叽叽咕咕时，即是要小便了，这时把他抱起来把一下，肯定有收获。还有的宝宝在玩的时候，突然双眼凝视发起呆来，这便是在酝酿小便，这时要赶紧把宝宝放在尿盆上。

2 观察大便信号，掌握大便规律

正如宝宝想要尿尿有迹可循一样，宝宝想要大便时，也会向爸爸妈妈发出一些小信号。

NO.1 抓准时间

要想养成宝宝定时大便的习惯，爸爸妈妈首先要抓准宝宝大便的时间。一般来说，宝宝前一天晚上已经大便，第二天早上就不会大便了。另外，大多数宝宝吃奶后都会排便。

NO.2 看准表情

在训练宝宝大便前，爸爸妈妈需先仔细观察宝宝排大便的规律和大便前的一些特殊表现，做到心中有数。一般来说，宝宝大便前会有脸红、用力、屏气、发呆等表现，这时爸爸妈妈应及时抱起宝宝，给宝宝把大便。

NO.3 听清声音

掌握了上述两个秘诀，爸爸妈妈还可以通过听声音来掌握宝宝大便的情况。一般来说，大多数宝宝由于肠道内充气，在排便前便会排尿，有时候还会有使劲的声音。

3 适时训练

把尿便训练赶早不如赶巧，掌握宝宝排便的规律和时间，是宝宝排便训练成功的关键。宝宝一般在刚睡醒、喝完奶或饮水之后 15 ~ 20 分钟时最有尿意。了解规律后，妈妈就可以有意识地给宝宝把尿。同样，每个宝宝也有自己的排便规律。注意观察宝宝大便信号，掌握其大便规律，就可以有意识地给宝宝把便了。

4 固定便盆效果好

给宝宝把尿，最好用一个固定的便盆接，便盆款式不要太花哨，否则宝宝会分心，不利于排便的训练。把尿时，可以让宝宝看到自己的尿流到了盆里，还发出声音，他适应了这样的情况，以后看见便盆的时候就会自觉地排出小便了。大便也是如此。

5 把尿便的正确姿势

4 个月龄左右的宝宝，把便最常见的姿势是：妈妈双脚分开端坐，双手兜住宝宝屁屁，使宝宝分开两腿坐在妈妈的腿上；宝宝的头、背自然依靠着妈妈的腹部。在把便时，妈妈要用声音作引导，例如尿尿时，发生"嘘——嘘——"的声音，大便时发生"嗯——嗯——"的声音，使宝宝形成条件反射。

6 女宝宝的臀部清洁

妈妈一定要注意女宝宝的臀部清洁，以防止宝宝的臀部发红与疼痛，方法如下：

1 将宝宝放在床上，解开衣服，用清水浸湿棉花，擦洗宝宝的小肚子各处，直至脐部。

2 用一块干净的棉花由上向下、由内向外擦洗宝宝大腿根部的所有皮肤褶皱。

3 一手举起宝宝的双腿，另一手由前往后擦洗宝宝的外阴部，这样可以防止肛门内的细菌进入宝宝的阴道。注意不要清洁宝宝的阴唇里面。

4 用干净的棉花清洁宝宝的屁股、大腿及肛门部位。

5 用纸巾擦干宝宝皮肤褶皱处的水分，穿上干爽的衣服即可。

7 男宝宝的臀部清洁

男宝宝的尿常常弄得到处都是，因此，每次换尿布时一定要认真清洁男宝宝的臀部，以防发生臀部肿痛。妈妈可以采取以下方法清洁男宝宝的臀部：

①先将宝宝穿的纸尿裤脱下，用卫生纸将宝宝肛门位置擦干净。

②用清水蘸湿棉花，开始时先擦宝宝的肚子，直至脐部。

③然后由里往外彻底清洁宝宝一侧大腿根部的皮肤皱褶。

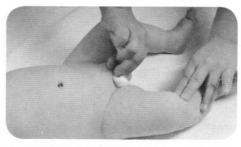

④用同样的方法清洁宝宝另一侧大腿根部的皮肤皱褶处。

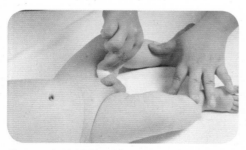

⑤用干净的棉花清洁宝宝的阴茎下边以及睾丸各处，接着清洁肛门、小屁股。

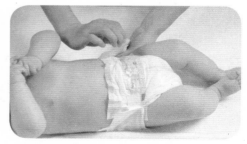

⑥擦干双手，然后用干净纸巾擦干宝宝的尿布区，即可给宝宝换上尿布啦。

（四）宝宝会翻身了，要注意看护

4月起，大多数宝宝都会练成翻身术啦。看着宝宝在床上翻来翻去玩得不亦乐乎，爸爸妈妈是不是也特别开心呢？在这里，要提醒爸爸妈妈在开心之余可千万别忽视宝宝的安全问题。

1 宝宝翻身，防护第一

千万不要将宝宝独自放在任何高处，如床、桌子、沙发、椅子上等，因为有时候只需一眨眼的工夫，宝宝就能成功翻过身来，没准儿就会跌落下来。

2 意外跌落怎么办？

即使爸爸妈妈十分小心，仍然难免会遇到宝宝从床上掉下来的情况。这时要怎么办呢？

宝宝从床上掉下来后，如果立刻大哭起来，但几分钟之后就停止哭闹并恢复正常，就表明宝宝没有受伤。如果宝宝从床上掉下来几个小时或者几天以后，存在如下行为上的变化，如爱哭、嗜睡、不吃东西等，就需要带宝宝去医院做相关检查。有些宝宝从床上掉下来后会失去意识，这表明宝宝可能存在脑组织损伤等情况，需要爸爸妈妈立即带宝宝去医院做相关检查。

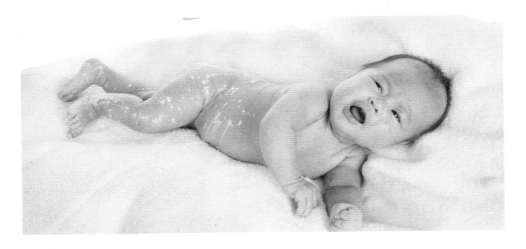

（五）口水增多，给宝宝戴上合适的围嘴

宝宝满4个月后，妈妈会发现宝宝的口水明显增多了，经常是"哗啦啦"地流一会儿，胸前的衣服就都湿了。有些新手妈妈以为宝宝患了口腔疾病，急急忙忙带宝宝去了医院。其实，宝宝口水增多说明宝宝是要长牙了。

1 宝宝为何口水多？

即将进入出牙期的宝宝，唾液分泌会增多，而宝宝的口腔又比较浅，再加上此时宝宝的闭唇和吞咽动作还很不协调，难以将分泌的唾液及时咽下，因此会流出很多口水。

2 宝宝围嘴巧选择

这时候，为了避免宝宝的颈部和胸部被唾液弄湿，妈妈可以给宝宝戴上可爱的围嘴。在给宝宝选购围嘴时，要注意选择吸水性强的围嘴。妈妈可以到婴儿用品商店去购买，也可以直接从网上购买。妈妈若是会做针线活的话，还可以自己动手给宝宝做几个"妈妈牌"的爱心围嘴，棉布、薄绒布都是很好的原材料。有些妈妈为了省事，喜欢给宝宝戴塑料或橡胶制成的围嘴，这种围嘴虽然不怕湿，但是却会对宝宝的下巴和小手带来不良影响。

3 宝宝围嘴使用要点

在给宝宝戴围嘴的时候，爸爸妈妈应该注意：系带式的围嘴不要给宝宝系得太紧；给宝宝喂完饭或是宝宝独自玩耍时，最好不要给宝宝戴系带式的围嘴，以防宝宝发生意外；不要用围嘴给宝宝擦口水、眼泪、鼻涕，这是很不卫生的。

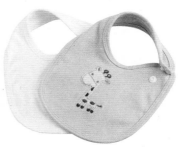

4 宝宝围嘴勤换洗

宝宝的围嘴应该保持整洁和干燥，妈妈每次给宝宝换下围嘴后都要立即清洗，清洗完毕后还需用开水烫一下，最好能在太阳下晒干。

（六）宝宝进入出牙期，要保护好乳牙

在宝宝 6 个月时，妈妈会发现宝宝的牙龈开始冒出小小的、硬硬的白色小牙苞，这表示宝宝开始长牙了。宝宝长牙阶段是护理宝宝口腔的重要时期，爸爸妈妈要对宝宝多加关爱和呵护，为宝宝日后拥有一口漂亮的牙齿打下坚实的基础。

1 小小乳牙作用大

当宝宝长出乳牙后，所能吃的食物就越来越多了，从流质到固体，从咀嚼到吞咽食物。

随着宝宝一天天长大，牙齿长得越来越齐全，颌骨的生长发育也愈加健全，这对宝宝的发音、说话都有很大的帮助。如果宝宝没有健全的乳牙，就无法完全咀嚼食物，容易牙痛，严重的话还会对宝宝日后恒齿的生长造成影响。因此，从宝宝长出第一颗乳牙开始，爸爸妈妈就应精心呵护宝宝的牙齿。

2 长牙的时间和顺序

一般来说，宝宝 6 个月左右会长出第 1 颗乳牙，2 岁半左右 20 颗乳牙会全部长出。宝宝的乳牙长牙顺序和大概的时间如下：

类 别	上排牙齿	下排牙齿
中切牙	8 ~ 12 个月	6 ~ 10 个月
侧切牙	9 ~ 13 个月	10 ~ 16 个月
尖 牙	16 ~ 22 个月	17 ~ 23 个月
第一乳磨牙	13 ~ 19 个月	14 ~ 18 个月
第二乳磨牙	25 ~ 33 个月	23 ~ 31 个月

虽然宝宝长牙的时间和顺序有一个大约的平均值，但具体到每个宝宝身上，又会存在个体差异。有些宝宝一出生就有牙齿（胎生齿），有些宝宝则在 12 个月大才冒出第 1 颗牙齿。出现这种情况时，爸爸妈妈不要过于担心。正如宝宝的生长发育

有快有慢一样，宝宝长牙的时间和顺序也各不相同，不一定所有的宝宝都是按照平均值来长牙。出牙的早晚与宝宝喂养习惯尤其是食物的粗化程度密切相关，如果超过1岁还没有出牙，妈妈就需要检查一下给宝宝吃的食物是不是总是弄得很细，没有给宝宝创造咀嚼机会，限制了宝宝口腔功能的形成，出牙晚的宝宝，还会有吃什么东西都像是喉咙被卡住想吐的表现。

3 宝宝出牙反应大

一般来说，宝宝出牙时反应都比较大。当妈妈发现宝宝出现异常情况，如：一直流口水，脾气变得十分暴躁，喜欢咬人或是咬玩具，有时候还喜欢哭闹等，就表示宝宝的牙龈有可能已经开始冒出小牙苞了。

宝宝的口腔是一个十分敏感的触觉器官，婴幼儿时期的宝宝正处于口欲期，这一时期，小宝宝喜欢用嘴来感知和认识这个世界，因此不管是什么东西都会放在嘴里尝一下。另外，宝宝在长牙的过程中，牙龈处会痒痒的，而咬人或咬玩具会让他感到舒服些，同时，长牙给宝宝带来的疼痛让宝宝十分难受，情绪就会变得不佳，并会借哭闹来表达自己的不适。

4 出牙不适巧缓解

宝宝在出牙期间的这些不适虽然会随着宝宝牙齿的生长而逐渐消失，但它们却会对宝宝牙齿的生长产生极大影响，若未得到很好的护理，就会影响宝宝恒牙的健康。宝宝出现上述不适状况时，爸爸妈妈可以采取以下措施来缓解宝宝出牙的不适：

1 按摩： 用手指轻轻按摩宝宝的牙床，可以让宝宝感觉更舒服一些。

2 食物： 让宝宝吃一些手指饼干、苹果块或胡萝卜条等食物，可以让宝宝感到更加舒适。

3 固齿器： 准备一些硬度适中的固齿器让宝宝啃咬，可以促进宝宝牙龈的血液循环，有助于宝宝出牙，并能有效缓解宝宝出牙时的不适。要注意固齿器不应含有易被宝宝咬下的小部件，同时应选择可以被宝宝两手轻轻握住的造型，最好选择无色或浅色的产品，保证产品材料安全、无毒、卫生。

4 **磨牙棒：**爸爸妈妈还可以准备一些磨牙棒让宝宝啃咬，可食用的磨牙棒味道不错，宝宝也乐意拿着啃咬。在选购磨牙棒时，要选择制作得硬度适中的磨牙棒，这样的磨牙棒可以让宝宝的牙齿更舒服，同时还能锻炼宝宝的咀嚼能力。

5 **喂些温开水：**爸爸妈妈可以在宝宝进食后给宝宝喂一些温开水，有助清洁宝宝的口腔，避免宝宝牙龈发炎。

6 **情感关怀：**适时地给予宝宝呵护与关怀，可缓解宝宝不舒服的情绪。需要提醒爸爸妈妈的是，在这一时期，宝宝很有可能将任何身边所见之物放入嘴中，因此一定要注意检查宝宝周围的物品是否安全卫生。

5　口腔清洁保健康

有些妈妈认为宝宝太小，不用刷牙，殊不知，牙齿上永远是附带着细菌的，小宝宝的牙齿也不例外。一旦小宝宝长出小乳牙，细菌就会附着而生，而宝宝所喝的母乳或配方奶中所含的乳糖和碳水化合物正是细菌存活的能量来源，这就加大了宝宝发生龋齿的可能性。因此，在宝宝的牙齿尚未长出前，爸爸妈妈就应该注意宝宝的口腔清洁工作。

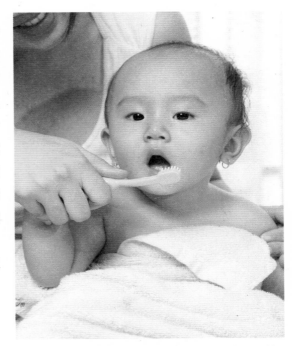

每次喂完宝宝奶或是辅食之后，都要对宝宝进行口腔清洁，每天早上和晚上的清洁尤为重要，千万不可马虎。具体方法如下：

宝宝喝完奶后，妈妈坐在椅子上，让宝宝坐在妈妈腿上，并把宝宝的头稍微后仰。妈妈将纱布或棉花棒用温开水蘸湿后，轻拭宝宝的舌头与牙龈。

当宝宝牙齿长出，且已习惯了纱布或棉签以后，妈妈就可以一边小心照看宝宝，一边像跟宝宝游戏一样用宝宝专用牙刷来给宝宝刷牙啦，方法如下：

1 将妈妈的食指套上专用牙刷。

2 切莫急于擦拭宝宝的牙齿。为了让宝宝适应，可以先将宝宝嘴部周围及嘴唇擦拭干净。

6 保护好宝宝的牙齿，防止"奶瓶龋"

有些妈妈为了让宝宝尽快安静地入睡，便让宝宝含着装有果汁或是牛奶的奶瓶睡觉，殊不知，这会给宝宝的牙齿健康带来很大的危害。宝宝的牙齿在液体和糖分的影响下，极易产生有害的酸性菌斑，这就大大增加了宝宝患上"奶瓶龋"的可能性。

NO.1 何为"奶瓶龋"？

"奶瓶龋"是一种由宝宝睡眠时不断吮吸奶瓶而造成的龋齿，表现为上颌乳切牙（门牙）的唇侧面及邻面的大面积龋坏，牙齿患龋病后再也不能长好。宝宝的乳牙钙化程度较低，宝宝患龋齿后病情发展迅速，破坏面积广，治疗效果差，因此需要爸爸妈妈在日常生活中积极预防。

NO.2 预防"奶瓶龋"的方法

要预防"奶瓶龋"，首先要避免宝宝长时间使用奶瓶。有些宝宝过于依赖奶嘴，这不仅会影响宝宝语言以及口腔发育，也可能导致"奶瓶龋"的不断恶化。当宝宝可以自己喝水后，爸爸妈妈就可以开始训练宝宝使用杯子了，以戒掉宝宝对奶嘴的依恋。其次，爸爸妈妈要经常给宝宝漱口，比如在喝完奶之后可以喂宝宝一些温开水。即使宝宝喝完奶睡着了，也不妨将装着温开水的奶瓶放入宝宝嘴里让他喝两口。

（七）做好措施让宝宝睡得香甜

　　爸爸妈妈看着熟睡中的宝宝，会感到万分幸福和踏实，他们知道，高质量的睡眠对宝宝的成长发育起着十分重要的作用。但有些爸爸妈妈就没那么安心了，他们每日每夜都被宝宝的睡眠问题所困扰，很想知道如何才能让宝宝睡得香甜。别着急，快来看看让宝宝安睡的小妙招吧。

1　舒适的环境

　　舒适的环境，是宝宝睡得香甜的一大前提。爸爸妈妈在为宝宝打造一个良好的睡眠环境时，需要注意以下几点：

NO.1 婴儿床
宝宝最好能有个婴儿床，这能确保宝宝睡眠时的安全。在放置宝宝的时候，应将其脚部放在婴儿床的底部，使他不能扭动到毯子或被子下面。

NO.2 被褥
给宝宝所用的被褥要清洁、舒适、厚薄适宜。

NO.3 睡衣
爸爸妈妈应该给宝宝选择纯棉、柔软、宽松的睡袍，睡袍的长度要长过宝宝的手和脚面，这样可以保证宝宝手足的温暖。

NO.4 婴儿睡袋
睡袋是穿在婴儿睡衣外面的，在用睡袋时不能再加其他被褥。

NO.5 光线
宝宝睡觉的时候，爸爸妈妈应关灯、拉窗帘，室内的光线不宜太亮，否则会影响宝宝入眠。

NO.6 温度
室内温度应以18 ~ 25℃为宜，过冷或过热都会对宝宝的睡眠造成影响。

NO.7 声音
爸爸妈妈应当避免周围有太大的声响，因为宝宝对声音十分敏感，室内声音过大会影响宝宝的睡眠，会使宝宝受到惊吓。

NO.8 室内空气
室内的空气应保持新鲜，每天定时打开窗通一下风，但不要让风直接吹向宝宝。

2 让宝宝学会按时睡觉

由于家庭环境的差异性，每个宝宝的睡眠时间也各不相同。爸爸妈妈要让宝宝形成自身的睡眠规律，保证每天有充足的睡眠。但这并不意味着宝宝每天可以睡得过晚，因为宝宝睡得过晚，就会减少宝宝深度睡眠的时间。而生长激素主要是在宝宝处于深度睡眠时分泌的，因此，爸爸妈妈应尽量让宝宝早些入睡。

3 建立睡觉前的习惯

爸爸妈妈应该给宝宝建立一种睡前模式：在宝宝睡觉前的 1 个小时，爸爸妈妈应尽量让宝宝吃饱，过半小时再给宝宝洗澡、换上睡衣。若冬天天气太冷，无法坚持每天给宝宝洗澡，也应每天在睡前给宝宝洗脸、洗脚、洗屁股。洗完之后，立即抱宝宝上床，给宝宝哼一支歌或讲一个故事等。每次在做完这些活动时，就要告诉宝宝："乖宝宝，我们要睡觉了哦。"这些睡觉前的固定习惯，会让宝宝提前做好睡前准备，有助于宝宝更快地入睡。

4 巧用睡前按摩，让宝宝快速入眠

宝宝睡觉前，爸爸妈妈还可以给宝宝做一下睡前按摩，可让宝宝快速安睡。具体按摩方法如下：

 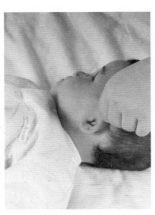 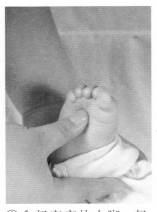

①用手掌在宝宝眼睑处从上到下轻轻抚摸，宝宝很快就会闭上双眼。

②用指尖轻轻抚摩宝宝耳垂及耳孔周围，宝宝很快就会安静下来。

③拿起宝宝的小脚，轻轻抚摩宝宝的足底，仔细聆听宝宝的呼吸。

营养分析 经过爸爸妈妈10分钟的按摩，宝宝很快就会进入甜美的梦乡啦。

（八）明明白白用童车，快快乐乐地出游

平时多带宝宝出去散散步，晒晒太阳，呼吸新鲜空气，接触和观察大自然，是一件很不错的事情。但如果稍微走远一点，一直抱着宝宝，手会很酸。这时候，如果有辆婴儿车该多好。但买婴儿车要注意什么，使用时又要注意什么，许多爸妈对此一窍不通。别急，相信看了以下内容，你就会成为购"车"、用"车"达人了。

1 婴儿车的选择有技巧

一些爸爸妈妈萌生了买婴儿车的念头之后，便立刻开始行动了。可是，去商场走了一圈，才发现市场上的婴儿车看得人眼花缭乱，一时之间不知道如何选择了。下面告诉爸爸妈妈几个选购婴儿车的技巧：

NO.1 安全系数很重要

在购买婴儿车时，一定要选择安全系数高的。具体应该注意以下几点：

1 推杆和调节杆：推杆和调节杆的直径应在10～12毫米，否则容易在紧急情况下折断，导致宝宝跌伤。

2 夹缝：手脚能够触及的夹缝一般应大于12毫米或小于5毫米，避免宝宝的手脚被卡住。

3 车垫凹陷度：车垫凹陷度应小于50毫米，因为过度凹陷会影响宝宝骨骼生长。

4 车座兜和扶手：车座兜和扶手之间的深度不要过浅，以免宝宝在车中翻身或扭动时重心偏移，造成翻车事故。

5 刹车：检查刹车装置是否灵敏。如果车停在斜面地形，爸妈无法及时拉住，车随时会产生滑动甚至翻倒。

6 锁紧、保险装置：具有折叠功能的婴儿推车应设置锁紧保险装置，以免在使用中推车意外折叠，造成宝宝受伤。

7 安全带：国家标准中对婴儿车的安全带要求为：其上围高于坐垫180毫米，肩带、叉带、跨带的最小宽度分别为15毫米、20毫米、50毫米。

还需要提醒爸爸妈妈的是，在选购婴儿车时要检查一下车上是否有锋利的尖角、突出物和容易脱落的小部件，以防宝宝被划伤。

NO.2 轻便舒适更舒心

如果妈妈想经常推着婴儿车走动的话，就要选择有大轮子且有加强防震动功能的婴儿车了，这可以让妈妈不费力地推着婴儿车行进，也能为宝宝提供一个舒适的环境。

NO.3 考量车子性价比

在购车时，爸爸妈妈还要考量一下车子的性价比。有些推车带有遮阳或遮雨的顶篷，以及类似裹脚棉被的配件，有些却没有。因此在购车前，爸爸妈妈要检查一下婴儿车的价格中包含了哪些配件，然后再将其与其他婴儿车做一下对比。总之，爸爸妈妈在购买婴儿车时，一定要从安全角度多做考虑，另外，婴儿车并非价格越高越值得购买，也并非功能越多越值得购买，要选择适合、实用的婴儿车。

2 正确使用婴儿车，安全不打折

在使用婴儿车时，爸爸妈妈需注意以下几点：

NO.1 使用婴儿车，注意安全

在使用婴儿车前，爸妈一定要反复详细阅读婴儿车的使用说明书；当宝宝坐在车上时，爸妈则要全程给他们系上安全带；要让宝宝的脖子始终处于最舒适的状态，注意腰与坐席间不要有空隙，使其背部尽量舒展，不压迫腹部，有利于宝宝脏器的正常发育。

NO.2 最好让宝宝面对着爸妈

坐婴儿车时，最好让宝宝面对着爸妈。如果宝宝背向爸妈，与宝宝的交流会减少，宝宝也会因为看不到爸妈而感到害怕，对宝宝身心发展不利。

NO.3 莫让宝宝长时间坐在婴儿车中

任何一种姿势保持的时间长了，都会造成宝宝正在发育中的肌肉负荷过重。另外，让宝宝整天单独坐在车子里，缺少与父母的交流，时间长了也会影响宝宝的心理发育。正确的方法应该是，让宝宝坐一会儿，然后爸爸或妈妈抱一会儿，如此交替进行。户外活动时，也可以选择一个比较安全的地方，在地上铺块毯子，把宝宝放到毯子上，让宝宝坐着或爬着玩，这更有利于宝宝的健康发育和成长。

（九）宝宝咬乳巧应对

宝宝进入长牙阶段后，智力也在迅速增长。吃奶时，他不再只顾着吃奶，而会对妈妈所说的话做出反应，窥视妈妈的表情，有时还会叼着妈妈的乳头玩耍。

1 被咬后，妈妈要做出正确的反应

当宝宝咬乳头时，若急忙用力抽拉乳头，乳头就会被宝宝的牙齿弄伤。妈妈可将宝宝紧紧搂向胸口，这样他便会张开嘴巴呼吸而松开乳头了。

如果宝宝正处于咬乳的阶段，可以在他的嘴角放一根手指，一旦意识到他要咬，就制止他。1周以后，他就知道不能咬了。

对于大一点的宝宝，可以使用"收回、放下"的方法。他一咬，就立即让他离开乳房，把他放下。这并不是惩罚，而是让他意识到咬妈妈和被放下是相关的。

2 冷静、坚决地制止宝宝

宝宝咬了妈妈的乳头之后，有些妈妈因疼痛而感到十分生气。这里需要提醒妈妈的是，即使生气也不要大声地喊叫或打他，态度要冷静、坚决。大喊大叫只会吓着宝宝，让他伤心，甚至会导致宝宝拒绝吃奶；也不要面带微笑地制止他，这只会让宝宝觉得这样做很好玩，就会一而再，再而三地咬乳头。

3 留意宝宝的行为，防止宝宝咬乳

咬乳通常发生在喂奶快要结束时，那时宝宝不再积极地吮吸吞咽，所以只要留意他的行为，就可以防止宝宝在吮吸时咬到你。某种特定的眼神、某个特定的嘴部动作，都会提示你咬乳即将发生。你可以在自己受伤前采取措施，结束哺乳。妈妈还可准备一些可以嚼或咬的东西给宝宝，例如磨牙棒等。总之，妈妈要对宝宝咬乳的态度坚决并前后一致。

③ 宝宝的喂养

（一）喂养要点

随着小宝宝一天天长大，爸爸妈妈在喂养过程中也会不断地遇到一些新问题。在这3个月，爸爸妈妈会为是否给宝宝添加配方奶而迷惑，会为给宝宝吃了配方奶后宝宝厌食母乳而焦虑，还会为宝宝厌食配方奶而着急……其实，不必太担心，掌握下面的知识，助你轻松度过这个阶段。

1 是否需要添加配方奶？

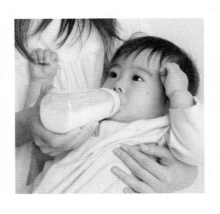

4个月开始，有的妈妈会返回工作岗位，不能全心全意去哺乳了；宝宝的食量也渐渐增大，这些因素都有可能会导致母乳没有前面几个月那么充足了。这时可以先给宝宝添加一次配方奶，如果每天需要添加150毫升以上，那就一直添加下去，同时适当添加果汁、菜汁和蛋黄。如果添加的配方奶一天还不足150毫升，就说明母乳还能够供给宝宝所需的热量，就不必每天按时添加配方奶了。

有些妈妈在喂宝宝喝配方奶之后会遇到这样的问题：宝宝喝了配方奶之后，喉咙会变得干燥，口腔内还会有一种怪怪的味道。之所以出现这种情况，是因为奶制品中含有某种酶，这种酶会让喉咙黏膜变得干燥，让喉咙产生不适感，而干燥的口腔又为厌氧菌提供了生存环境，不但加速了细菌的繁殖，而且细菌还会分解奶制品中的蛋白，产生含有硫化物臭味的气体，从而导致口臭等现象的出现。

因此，爸爸妈妈在喂宝宝喝完配方奶之后，一定要给宝宝补充适量的水分，水的温度最好在20～45℃，这样不仅可以清除口腔内残余的牛奶，还能冲掉附着在喉咙上的牛奶残渣，清洁宝宝口腔，并且滋润宝宝的喉咙。

2 爱配方奶而不爱母乳

有些妈妈在母乳不足时，会选择给宝宝添加配方奶。对于宝宝而言，配方奶是比较甜的，这就使得一些宝宝很喜欢吃配方奶；另外，在喂配方奶时，奶瓶的孔眼比较大，出乳容易，速度快，对于嘴急、奶量大的宝宝来说，这真是一件再好不过的事了，这些原因就使得宝宝喝了配方奶后不再喜欢吃母乳了。

3 宝宝厌食配方奶

一些妈妈会发现，一直都很喜欢配方奶的宝宝到了4月突然开始拒绝喝配方奶，这让妈妈急得不知如何是好。妈妈们使出了浑身解数，在配方奶里加白糖、果汁等，也都无济于事。宝宝厌食配方奶，可真让妈妈郁闷：宝宝究竟是怎么了？

NO.1 厌食配方奶有原因

其实，宝宝之所以会厌食配方奶，是因为宝宝在4个月前并不能完全吸收配方奶中的蛋白质，而在4个月后，宝宝就能大量吸收配方奶中的蛋白质，肝脏和肾脏几乎全部动员起来帮助消化吸收配方奶中的营养成分，这时宝宝的食欲增强，喜欢吃奶。过多吃奶，使得宝宝的肝脏和肾脏工作量大增，宝宝会胖起来，多余的能量也储存起来了，用不了多久，宝宝的肝脏和肾脏就会因疲劳而歇着，宝宝因此也就开始厌食配方奶了。

NO.2 厌食配方奶巧应对

妈妈看到宝宝厌食配方奶会非常着急，一些妈妈甚至还强行将奶嘴塞入宝宝嘴中，惹得宝宝大哭。其实，当宝宝厌食配方奶时，妈妈不必太紧张焦虑，因为宝宝虽小，体内却有一个"能量储备库"。妈妈若担心宝宝的"能量储备库"无法给宝宝提供充足的营养，还可给宝宝喂食易于消化的食物，如果汁、水等。待过段时间（约2周），宝宝的肝脏、肾脏、消化系统得到充分休息后，功能逐渐恢复，宝宝就会再度喜欢吃配方奶的。

NO.3 出牙期间拒食莫担心

妈妈们会发现，长了牙齿的宝宝在吃奶时和以前有了很大的不同，有时候会连续猛吸几分钟乳头或奶瓶，有时候又会突然放开乳头并哭闹起来，如此反反复复，妈妈们束手无策。其实，宝宝之所以会出现这种情况，是因为在吮吸乳头时碰到了牙龈，使牙床疼痛。这时候，妈妈只需要给宝宝吃点儿固体食物，宝宝就会变得安静、开心起来。另外，在宝宝出牙期间，妈妈可以将给宝宝每次喂奶的时间分为几次，在喂奶间隔可以给宝宝喂一些面包、饼干等固体食物。如果给宝宝喂配方奶，可将橡皮乳头的洞眼开得大一些，这样宝宝更容易吸到奶，就不会感到牙龈疼了。

4 摄取帮助牙齿发育的营养素

6个月的宝宝进入了长牙期，所以妈妈要注意在宝宝的饮食中添加有利于牙齿发育的各种营养素。

足够的维生素C与铁配合，能够确保铁的良好吸收。另外，缺乏维生素C宝宝的牙齿也会有影响，牙龈容易水肿、出血，所以要给宝宝喂食富含维生素C的新鲜果蔬。

在宝宝快长牙的时期，如果缺乏维生素A，宝宝出牙会延迟，牙釉质细胞发育也会受到影响，使牙齿变色。此外，维生素A还能增强宝宝的抵抗力。胡萝卜泥、肝泥、蛋黄泥中富含维生素A。

缺乏维生素D会使宝宝出牙晚，牙齿小且间隙大。在宝宝长牙期，爸爸妈妈要给宝宝补充足够的维生素D。从牛奶、鱼虾、蛋黄等食物中或通过晒太阳，都可以补充丰富的维生素D。

钙、磷、镁、氟对宝宝牙齿的正常发育和密度增大极为有益，其中适量的氟能够增加乳牙的抗腐蚀能力，可以预防龋齿。这些矿物质可以从母乳、配方奶、豆腐、胡萝卜中获取。

5 特别注意宝宝辅食的健康

宝宝年幼体弱，易感染各种疾病，所以爸爸妈妈在喂养时应该严格注意饮食卫生，以防病从口入。

NO.1 食物新鲜干净

给宝宝吃的食物要新鲜安全，如橘子、苹果、香蕉、木瓜、西瓜这类带皮的水果，其果肉部分受农药污染与病原感染几率较少，可适当添加。

NO.2 蔬菜水果再清洗

对于已经买回家的可疑蔬菜，可以用蔬菜清洗剂或小苏打溶液浸泡后再用清水冲洗干净。根茎类蔬菜和水果，一律要削皮后再烹调或食用。

NO.3 清除有毒物质

鱼腹腔内的黑膜淤积了有毒物质，因此做鱼时要把鱼腹内的黑膜去掉。鸡、鸭、鹅的臀尖也会积淀有毒物质，一定要去掉。

NO.4 避免使用消毒剂

尽量不用消毒剂、清洗剂洗宝宝用的餐具和炊具、案板、刀等，以免化学污染。妈妈可以采用开水煮烫的办法保持厨具卫生。

（二）上班了，还是可以坚持母乳喂养

宝宝 4 个月大的时候，大多数妈妈就要准备上班了，要不要继续哺乳呢？如果要哺乳，如何才能平衡哺乳和工作之间的关系呢？鉴于母乳对宝宝的重要性，即便是上班，妈妈也要想办法坚持母乳喂养。下面是给上班族妈妈哺乳的 9 条建议：

1 下定决心，全身心投入

同时应付工作和母乳喂养并非易事。艰难的时刻，你会怀疑一切努力是否值得；你会动摇，想放弃挤奶、直接让宝宝吃配方奶；你对吸奶器又爱又恨；漏奶使你尴尬万分，同事对你言语间还颇有微词。然而，一旦下定决心要将母乳喂养进行到底，就没什么能难倒你了。

2 想办法获得老板的支持

母乳喂养并不只对妈妈和宝宝好，雇主也能从中受益！如果你让老板明白这个道理，就能更容易地获得他的支持。你可以让老板了解以下几点：

NO.1	NO.2
工作单位如果为哺乳妈妈提供母乳喂养的支持，哺乳妈妈的工作满意度更高，工作效率也更高（泌乳和工作表现均出色）。	母乳喂养的宝宝很少生病，即使生病，也比配方奶喂养的宝宝症状轻。宝宝不用常看病，妈妈的缺席率比配方奶喂养的妈妈低 3～6 倍。
NO.3	NO.4
母乳喂养的妈妈受泌乳激素的影响，心情放松，脾气也更平和。	坚持母乳喂养的妈妈不会很快再次怀孕，至少在 1 年内不会再请产假。

3 充分利用午休时间

如果工作地点离家近的话，你可以在午休时间回去给宝宝喂奶，这样就可以减少挤奶的次数，保持乳房泌乳量。如果工作地点离家比较远，可以让保姆带宝宝到上班的地方来看你，当然前提条件是来往交通要舒适便利。

4 设法让照看宝宝的人支持母乳喂养

在中国，绝大部分家庭在妈妈上班后，会由老人或保姆来负责照看宝宝。你要想办法在产假时就让照看宝宝的老人或保姆支持母乳喂养，将母乳喂养的种种好处传达给对方，并耐心地教会老人或保姆处理挤出的母乳，告诉他们如何解冻并加热母乳，并且制定出一套准备奶瓶、标注日期以及存放奶瓶的方法。

5 每天提前半个小时起床

用闹钟提前 30 分钟把自己叫醒，用这段时间来给宝宝喂奶（即使宝宝还未全醒）。他满足之后，你可以打扮一下自己，准备一天的东西，然后再喂宝宝一次才出门。

6 充分利用下班后的时光

做完 8 小时工作的妈妈已经非常劳累了，通常没有太多的精力兼顾宝宝和家务。此时应当分清主次，妈妈下班后的首要工作就是喂哺和照料宝宝，家务活可以请丈夫或者家人帮助料理。

7 选择恰当的服装

选择上班服装时要考虑到哺乳这个因素。在无聊的工作会议中，你可能会走神想着宝宝，没准就漏奶了。所以，上班族妈妈应挑选印花布料制作的宽松上衣，可以稍加掩饰。

8 想办法获得同事的支持

哺乳的妈妈能准时下班非常重要，但有时也会遇到需要加班的情况。这时，你可以求助同事。如果你的同事是女性，你可以向对方讲述一下宝宝对母乳的依赖和你喂奶的辛苦，相信对方也会因为同情而愿意将未完成的事情独立完成。有时候，你也可以撒一个小谎，如"我的宝宝对配方奶过敏"等，让同事明白你有不得已的苦衷而要先行离开。

9 享受夜间哺乳

许多母乳喂养的宝宝因为白天和妈妈分开，夜间会更频繁地吃奶。妈妈可以通过傍晚以及夜间更多次地哺乳，弥补在白天所错过的母乳喂养。

（三）上班族妈妈要掌握母乳的储存方法

自己上班了，究竟怎么做才能给宝宝提供新鲜的母乳呢？在这里要告诉上班族妈妈的是，只要掌握好母乳的储存方法，一样可以让宝宝喝上妈妈们的黄金母乳。

1 掌握挤奶时间和地点

妈妈上班期间可在化妆间、私人办公室等处将奶水挤出，建议妈妈每 3 小时挤一次奶水。

2 清洁与消毒

上班族妈妈在每次挤奶前，都应先将手洗净。但是，有些妈妈却对洗手不够重视，每次洗手都是用水冲两下就草草了事，这种做法是很不科学的。

现在，就一起来看看正确的洗手方法吧。妈妈洗完手后，才能进行挤奶工作。挤出的母乳要装入经过消毒的奶瓶中，或是放入冷冻保存的专用一次性消毒奶袋里。

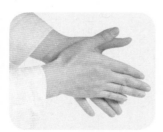
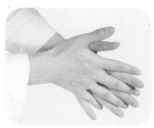

①双手合十，手心相互搓洗。

②双手手指交叉相叠，相互搓洗手指缝。

③用一手手心搓洗另一手手背，左右交替进行。

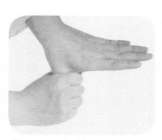
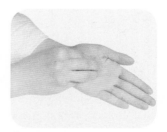

④指肚放于手心，用指肚搓洗手心，左右手相同。

⑤一只手握住另一只手的拇指搓洗，左右手相同。

⑥用一只手的指肚搓洗另一只手的大小鱼际及手腕。

3 挤奶的方法

上班族妈妈可以采取人手挤奶和吸奶器挤奶这两种方法来挤奶：

NO.1 人手挤奶

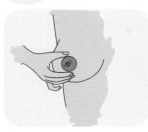

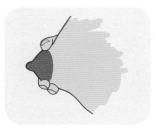

①拇指及食指对放在乳晕上下两侧，四指托住乳房，握成一个"C"形。

②用手指朝向肋骨轻压。

③用食指及拇指在乳头和乳晕后方轻轻挤压，放松。

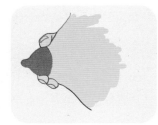

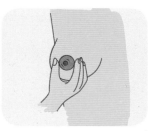

④重复挤压、放松的动作，直至乳汁流速减慢。

⑤拇指和食指可转换在乳晕上位置，以便挤出乳房各部位的乳汁。

NO.2 吸奶器挤奶

妈妈还可以使用吸奶器来挤奶，方法如下：

1 在挤奶前先准备好吸奶器，并将其所有配件消毒。

2 把吸奶器的漏斗放在乳晕上，使其严密封闭，将乳头定位于漏斗的中央。

3 轻轻拉动成真空状态并保持5~10秒钟，直至乳汁停止流出。

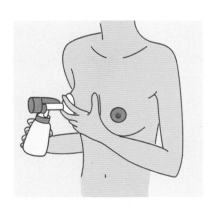

4 然后松开再抽真空，重复这个动作直至乳房被挤空。换另一侧乳房，用同样的方法挤空。

挤奶时，手指不要在乳房上滑动，以免摩擦皮肤造成乳房红肿。手掌要绕着乳房周围，使所有的奶汁都能挤出。一侧乳房挤 3 ~ 5 分钟，再换另一侧，如此交替，挤净为止。每次挤的奶量不一定相同，开始可能少些，多练习几次就可以挤得比较干净了。

4 母乳的保存方法

现在，妈妈辛辛苦苦地将奶水挤了出来，但如果不注意保存，则会使这些奶水变质。因此，妈妈要按照正确的方式，将奶水放入冰箱的冷冻室中保存。在保存母乳的时候，妈妈需要注意以下几点：

1 最好将母乳分成小份冷冻，60 ~ 120 毫升为 1 份。

2 给装母乳的容器留点空隙，不要装得太满或把盖子盖得很紧，以防冷冻结冰后胀破容器。

3 使用塑胶奶袋时最好套两层，以免破裂。

4 挤出塑料奶袋顶端的空气，并留出 1 寸的空隙，放在可让它直立的容器内，直至奶水冷冻成冰。

5 母乳的解冻方法

使用微波炉加热会破坏母乳的营养成分，因此建议妈妈在解冻母乳时不要用微波炉加热，也不要在明火上将奶煮开，这样会破坏母乳中的抗体和原性物质，最好的方法是用奶瓶隔水慢慢加热。奶热以后，将奶摇匀，再用手腕内侧测试一下温度，合适的奶温应该和人体温度相当。母乳最好在解冻后 3 小时内给宝宝喝掉，不宜再次冷冻。

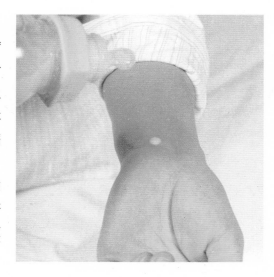

（四）生病时依然可以坚持哺乳

在喂养宝宝的过程中，一些上班族妈妈因工作劳累极易生病，这常常会动摇上班族妈妈继续母乳喂养的决心。但我们从国际母乳会了解的事实是：大多数病症只要妈妈处理恰当，都不会影响母乳喂养。下面列举了一些较为常见的病症，让妈妈了解这些病症对母乳的影响，理性地选择合理的喂养方式。

1 感冒、流感

母乳中已经有免疫因子传输给宝宝，即使宝宝感染发病，也比妈妈的症状轻。一般药物对母乳没有影响，因此不必停止母乳喂养。可以在吃药前哺乳，吃药后半小时以内不要喂奶。注意多饮水，补充体液。尽量少对着宝宝呼吸，可以戴口罩防止传染，但若病情重，则不应继续母乳，这样会影响奶质，同时不利于妈妈病情恢复。

2 腹泻、呕吐

普通的肠道感染不会影响母乳质量，因此不必停止母乳喂养。但在一些特殊的病例中，引起腹泻的病菌已经进入妈妈的血液和母乳里，需要服用抗生素进行治疗，这时就要暂时停喂母乳，病愈后再继续哺乳，具体情况请遵照医生的医嘱执行。

3 糖尿病

胰岛素和母乳喂养并不冲突，因为胰岛素的分子太大，无法渗透进母乳，口服胰岛素则在消化道里就已经被破坏，不会进入母乳，所以糖尿病妈妈完全可以进行母乳喂养。母乳喂养对于患有糖尿病的妈妈还有以下好处：

NO.1	NO.2	NO.3
缓解妈妈的压力。哺乳时分泌的激素会让妈妈更放松。	哺乳时分泌的激素及分泌乳汁所消耗的额外热量会使妈妈所需的胰岛素用量降低。	可缓解糖尿病的各种症状。许多患有妊娠糖尿病的妈妈在哺乳期间病情部分或者全部好转。

（五）根据宝宝给的信号添加辅食

对于添加辅食一事，大多数妈妈都感到困惑：宝宝 4 个月时需要添加辅食吗？过早给宝宝添加辅食是否会给宝宝的健康带来不利影响？下面，妈妈们就一起来看看在给宝宝添加辅食前，需要了解的那些有关辅食添加的事吧。

1 辅食添加时间：4 个月还是 6 个月？

日子一天天过去，宝宝也在一天天成长，很多新手妈妈都想知道从什么时候开始给宝宝添加辅食比较好。过去认为宝宝 4 个月时可开始添加辅食，但在 2005 年世界卫生组织通过的宝宝喂养报告中提出，在喂养宝宝的过程中，前 6 个月宜纯母乳喂养，6 个月以后再开始添加辅食。报告认为，母乳可以全面满足 6 个月内宝宝所需的全部营养素，是宝宝的最佳食品。6 个月时宝宝的各个器官发育日趋成熟，较适合添加辅食。那么，到底是要在宝宝 4 个月时添加辅食呢，还是要在宝宝 6 个月后添加辅食呢？

在这里要提醒妈妈们的是，虽然现在世界卫生组织提倡宝宝 6 个月后添加辅食，但因每个宝宝的生长发育情况不一样，个体也存在一定的差异，因此，在给宝宝添加辅食时，要有一定的灵活性。一般来说，宝宝 4 ~ 6 个月时可以开始尝试给宝宝添加辅食。母乳喂养的宝宝 6 个月时可开始添加辅食，而人工喂养或混合喂养的宝宝则要早一些。

在给宝宝添加辅食的时候，妈妈们一定要根据宝宝的健康状况及生长发育情况来定，千万不可教条地由月龄来决定。

2 辅食需添加，宝宝信号多

妈妈要如何判断是否需要给宝宝添加辅食呢？其实，当宝宝从生理到心理都做好了吃辅食准备的时候，他会向妈妈发出许多小信号。

NO.1 意犹未尽

宝宝吃完母乳或配方奶后还有一种意犹未尽的感觉，比如宝宝还在哭，似乎没吃饱。母乳喂养的宝宝每天喂8~10次，配方奶喂养的宝宝每天的总喂奶量达到1000毫升时，宝宝仍表现出没吃饱的样子，这时，妈妈就要想一想是否该给宝宝添加辅食了。

NO.2 相关表现

妈妈可以根据宝宝所表现的一些可爱的行为，如流口水、咬乳头或大人吃饭时宝宝在一旁垂涎欲滴等，来判断宝宝是否需要添加辅食。

NO.3 能吞咽食物

宝宝喜欢将东西放到嘴里，有咀嚼的动作。当你把一小勺泥糊状食物放到他嘴边，他会张开嘴，不再将食物吐出来，而能够顺利地咽下去，不会被呛到，这时就可以给宝宝添加辅食了。

NO.4 身高、体重未达标

在爸爸妈妈带宝宝去做每个月的例行体检时，可以向医生咨询，医生会告诉你宝宝的身高、体重增长是否达标，如果宝宝身高、体重增长没达标就应该给宝宝添加辅食了。

3 辅食要慢慢添加

　　4个月宝宝的主食仍应以母乳或配方奶为主，宝宝对蛋白质、矿物质、脂肪、维生素等营养成分的需求均需从乳类中获取。虽然大多数宝宝从母乳或配方奶中就可汲取自身所需的全部营养，但有少数宝宝在4个月时就需开始添加辅食了。在这里需要提醒妈妈们的是，在给宝宝添加辅食的时候，一定要慢慢添加，以保证宝宝有足够的适应时间。

　　这个月宝宝的消化能力增强了，爸爸妈妈可喂宝宝一些蛋泥，分量根据宝宝的消化情况酌情增减。另外，在这个月里，还要注意补充宝宝体内的维生素C和矿物质，可以给宝宝补充一些果汁。

有些爸爸妈妈看宝宝不吃辅食，便强迫宝宝去吃。这里要说明的是，母乳是最好的食品，如果妈妈乳汁充足，宝宝这个月可以不添加任何辅食。另外，强迫宝宝吃他不喜欢吃的辅食是不对的，这样会给以后添加辅食增加难度。

4 辅食添加初体验

第一次给宝宝添加辅食成功与否非常重要，正所谓"好的开始是成功的一半"，若第一次给宝宝添加辅食十分顺利，那么，妈妈日后再给宝宝添加其他辅食就比较容易了。

NO.1 第1次添加辅食的时间

建议在上午11点左右宝宝饿了正准备吃奶之前给他调一些米粉，让他喝两勺，相应地把奶量减少3～4毫升。渐渐地，辅食越加越多，奶量越来越少，一般到七八个月以后这一餐就可以完全被辅食替代了。

NO.2 不要用奶瓶喂流质辅食

给宝宝喂辅食，不仅是为了补充更多的营养，也是锻炼宝宝吞咽固体食物的好时机。所以，最好不要用奶瓶喂流质辅食，应试着用勺一口一口地喂。

NO.3 一点一点地添加，每次一种辅食

第1次添加1～2勺辅食，每日添加1次即可，待宝宝能消化吸收了再逐渐加到2～3勺。观察3～7天，若宝宝没有过敏反应，如呕吐、腹泻、皮疹等，再添加第2种辅食。按照这样的速度，宝宝1个月可以添加4种辅食，这对于宝宝品尝味道来说已经足够了，但这个阶段的宝宝还是要以奶为主。如果宝宝有过敏反应或消化吸收不好，应该立即停止添加辅食，等1周以后再试着添加。

5 添加蛋黄小窍门

蛋黄中含有优质的蛋白质、维生素、卵磷脂、铁、钙、磷等矿物质，且较易吸收。从这个月开始，爸爸妈妈就可以给宝宝适量添加蛋黄了。需要提醒爸爸妈妈的是，虽然蛋黄有营养，吃法还需科学才行。那么，怎样才能科学地给宝宝添加蛋黄呢？

NO.1 做法讲究

在制作蛋黄泥时，可以先将煮好剥出的蛋黄碾碎，用少量的水或粥等调成糊状后，再用小勺喂宝宝吃，切忌将蛋黄和奶混合喂食宝宝。

NO.2 逐步加量

初次添加时，可以先喂宝宝1/4个蛋黄，若宝宝消化良好，且无过敏现象发生，则妈妈可在3～7天后每次喂宝宝1/2个蛋黄，然后再逐步添加。6个月的时候，就可以喂整个蛋黄了。

6 喂养米粉有诀窍

婴儿米粉是以大米为主要原料，以白砂糖、蔬菜、水果、蛋类、肉类等为选择性配料，加入钙、磷、铁等矿物质和维生素等加工制成的婴幼儿补充食品。母乳不足或者配方奶不够时，妈妈就可以添加一些米粉作为补充来喂养宝宝。

NO.1 添加米粉的时间

有一些妈妈在宝宝3个月时就给宝宝添加米粉，这种做法是很不科学的。添加米粉的最佳时间是宝宝4～6月龄时，太早或是太晚都不好。因为宝宝体内的胰淀粉酶要在4个月左右才达到成人水平，而过早添加米粉，虽然可以为宝宝补充一些母乳外的能量和营养素，但却会降低宝宝对母乳的摄取量，从而影响宝宝的健康。而过晚给宝宝添加米粉，宝宝不能及时吃到各种味道的食物，对宝宝正常味觉的形成极为不利，还会影响宝宝口腔功能的发育。

NO.2 选择米粉有讲究

爸爸妈妈要给宝宝选择什么样的米粉呢？建议大家在选购时注意以下几点：

选择知名大品牌的产品：这样的产品配方更加科学，对原料的监控较为严格，生产出来的米粉质量较好。

看包装上的标签标志是否齐全：根据国家标准规定，企业在产品的外包装上必须标明商标、执行标准、厂名、厂址、生产日期、保质期、配料表、营养成分表、净含量及食用方法等。若包装上缺少上述任何一项，该产品有可能存在问题，建议最好不要购买。

看营养成分表中的标注及含量： 营养成分表中一般会标明蛋白质、脂肪、热量、碳水化合物等基本营养成分含量，微量元素如铁、锌、钙、磷含量，维生素类如维生素 A、部分 B 族维生素和维生素 D 含量。产品中所添加的其他营养物质也要标明。

看产品包装说明： 婴儿米粉应该标明"婴儿最理想的食品是母乳，在母乳不足或无母乳时可食用本产品；6 个月以上婴儿食用本产品时，应配合添加辅助食品"等说明文字。这一声明是企业必须向消费者明示的。

NO.3 调配米粉需知道

现在爸爸妈妈已经知道选购米粉的方法了，接下来，就一起来看看米粉如何调配吧？对于大多数宝宝而言，最佳的调配方法是用配方奶调配，尤其是母乳喂养的宝宝，用配方奶粉来调配米粉，不仅营养丰富，还能让宝宝渐渐适应配方奶的味道，可以为日后给宝宝顺利断奶做好准备。在调配的过程中，可以将配方奶按比例冲调好 60 毫升左右，然后逐渐加入米粉调和至糊状即可。需要提醒爸爸妈妈的是，如果宝宝对配方奶过敏，则建议用白开水冲调米粉。

NO.4 喂养米粉有方法

调配好米糊后，要使宝宝顺利地吃下米糊，妈妈还需掌握一定的技巧。在喂养宝宝的时候，需选择宝宝专用勺，勺子不宜太大；尽量将勺子放在宝宝的舌头中部，这样宝宝就不易用舌尖将米糊顶出。一些爸爸妈妈为了省事，将米糊和整瓶奶调和到一起让宝宝吸着吃，这么做虽然方便，但却让宝宝失去了锻炼口腔机能的机会。

最后，需要提醒爸爸妈妈的是，千万不要试图用米粉类食物来代替乳类喂养。因为宝宝处于生长阶段，最需要的是蛋白质，米粉中的蛋白质含量很少，难以满足宝宝生长发育的需要。长期过量食用米糊，会导致宝宝生长发育迟缓，神经系统、血液系统和肌肉成长受到影响，抵抗力下降，易生病等。

7 多彩果汁，喝出健康宝宝

对于宝宝而言，果汁是一种有益的食品。果汁中富含维生素C，不含有任何脂肪，且方便宝宝吸食。但是，大量饮用果汁会让宝宝对食物失去应有的兴趣，食欲降低，甚至还会发生腹泻，对宝宝的健康极为不利。那么，应该怎样给宝宝补充果汁呢？爸爸妈妈在给宝宝补充果汁的过程中又需要注意什么呢？

NO.1 喝果汁的最佳时机

母乳中含有充足的水分和维生素C，若是纯母乳喂养的话，宝宝即使不喂果汁也不会缺少营养。母乳喂养的宝宝，6个月开始添加辅食以后，就可以尝试喝果汁了。如果宝宝采取的是人工喂养的方法，爸爸妈妈可以在宝宝4个月龄时适当添加果汁，这样不仅可以给宝宝补充营养，还有助于宝宝轻松排便。

NO.2

爸爸妈妈都想知道究竟哪种果汁最适合小宝宝，下面简单地给大家分析一下日常生活中常见的几种果汁的特点。

苹果汁

苹果汁性凉，味甘酸，有生津止渴、解暑开胃的作用。不过，苹果汁属于澄清汁，其中所含的膳食纤维几乎全部被去除，维生素和抗氧化物质也不多，其中所含的营养物质主要是糖分和钾，营养价值相对较低。

橙汁

橙汁性凉，味甘酸，有清热生津的作用。橙汁中具有丰富的维生素C和胡萝卜素，宝宝刚刚感冒的时候，爸爸妈妈让宝宝喝些橙汁，有助于宝宝病情的好转。

桃汁

桃汁性温，味甘酸，具有生津润肠的作用。桃汁中所含有的果胶，能够给宝宝补充一些可溶性膳食纤维。但桃汁过于香甜，宝宝喝过了之后会影响食欲，影响宝宝正餐营养素的摄入，因此最好不要让宝宝在饭前喝。

梨汁

梨汁性凉，味甘酸，具有清热、生津止渴的作用；洗净鲜梨后隔水炖，服取汤汁，则可以清热、润肺化痰。

西瓜汁

西瓜汁性寒，味甘，有清热解暑、除烦止渴的作用。如果宝宝夏季食欲不振、爱出痱子，妈妈可让宝宝多喝些西瓜汁。

草莓汁

草莓汁性凉，味甘酸，有润肺生津、健脾和胃的作用。宝宝若是咽喉灼痛，爸爸妈妈可让宝宝喝一些鲜草莓汁，可清热利咽。

葡萄汁

葡萄汁有助于消化，但因其所含糖分极高，又有涩味，爸爸妈妈在给宝宝饮用的时候一定要注意稀释。

NO.3 市售果汁还是自制果汁？

自制果汁最大的优点就是新鲜。妈妈给宝宝自制果汁，一般都是现榨现喝，这样的果汁较大程度上保留了水果本身所具有的各类营养物质及原汁原味。而且，在榨汁前，妈妈会挑选新鲜的水果，将其清洗干净再榨汁，在安全性上比较有保证。对于妈妈所榨的爱心牌果汁，小宝宝都很喜欢喝。市售果汁虽然十分省事，但很多都含有食品添加剂，会对宝宝的健康造成损害。因此，市售果汁的安全性远远不如自制果汁。

NO.4 制作果汁的步骤

妈妈可以按照下列方法给宝宝制作果汁：

1 对于宝宝而言，新鲜的时令水果就是最好的选择。不过宝宝刚开始喝果汁时，建议选择性质温和的苹果和橘子。待宝宝肠道适应后，再添加其他水果。

2 选好材料后，爸爸妈妈还需要准备自制果汁的用具，如纱布、勺子等。

3 所有的材料、器具都应用清水洗净，然后将器具放入消毒柜或蒸煮锅中消毒。

4 接下来就要制作果汁了。妈妈可以用消过毒的纱布包裹水果后将果汁挤出，或是将果肉切成小块放入干净的碗中，用勺子背侧挤压果汁。制作好果汁后，在果汁中加入少量温开水，无须加热即可喂哺。

（六）宝宝喝水学问大

在宝宝所需的营养成分排行榜上，我们看不到水的名字，但水却是人体的重要组成部分，直接影响人体的新陈代谢和体温调节活动。资料表明，刚刚诞生的新生儿，水占了体重的80%，1～3岁宝宝占了70%，因此，说宝宝是水做的，一点都不夸张。

1 宝宝需要补水啦

按每天每千克体重计算，1岁以内的宝宝大约需要150毫升水；1～3岁宝宝需要100毫升水（炎热季节需酌情增加）。这么算下来，小宝宝每天的需水量还真不少。宝宝补水，全靠爸妈的观察。如宝宝的摄水量不足，身体将会发出下列报警信号：

1 24小时内，宝宝尿湿的尿布少于6块，或6小时内没有湿尿布。

2 尿色深黄。

3 头部囟门下陷。

4 嘴唇变干，严重的话还会干裂。

5 皮肤弹性变差。（测试皮肤弹性的方法是：爸爸妈妈用拇指与食指捏起宝宝手背的皮肤，突然放开，能够看到宝宝皮肤恢复扁平的过程。）

如果宝宝的身体出现了上述报警信号，则表示宝宝体内的水平衡已经被打乱，细胞开始脱水，健康已受到了损害，这时及时给宝宝补水可以避免缺水对宝宝带来更大的伤害。最正确的方法就是在宝宝尚未出现缺水信号前，就根据其生理需求给宝宝补水，以保证宝宝的身体健康。

2 宝宝喝水巧选择

目前，家庭常用的水主要有白开水、纯净水、矿泉水等。在这些水中，宝宝到底喝哪种水会比较好呢？

NO.1 纯净水

纯净水经过了分离、过滤等环节处理，有害物质都被清除了，较为卫生。但是，纯净水在处理的过程中，其中所含的有益的矿物质和微量元素也被处理掉了，营养价值也就大打折扣。另外，纯净水还有可能成为营养的一大"窃贼"。这是因为纯净水中的矿物质失去之后，其结构和功能也发生了相应的变化，不仅不能补充锌、钙等微量元素，反而有可能将体内的矿物质排除体外。若让宝宝长期喝纯净水，则会对宝宝的健康造成损害。

NO.2 矿泉水

矿泉水中确实含有很多矿物元素，矿泉水的不足之处也就在这里——矿泉水中的矿物质太多了，而矿物质的代谢都要经过肾脏，过多的矿物质则会加重肾脏的负担。小宝宝的肾脏尚未完全发育，功能尚未成熟，若让宝宝长时间喝矿泉水，则会对宝宝的健康造成影响。

NO.3 白开水

相比而言，还是白开水最好。宝宝喝白开水不仅可以促进宝宝的新陈代谢，调节体温，将宝宝体内的"垃圾"清除，还可以有效防止宝宝脱水、电解质紊乱与酸中毒等疾病的发生。即便宝宝生病，水也有助轻松击退疾病的"袭击"，如退热、止痛、软化大便、促进宝宝体内毒素排泄、稀释痰液易于咳出等。因此，爸爸妈妈应将白开水作为给宝宝补水的主品种，其他水只能作为偶尔饮用的次品种。

3 爱上喝水并不难

喝白开水虽好处多多，但有的宝宝却十分讨厌喝白开水，这可怎么办呢？别担心，采取以下方法，经过爸爸妈妈长时间的努力，相信一定可以让宝宝乖乖爱上喝水的。

NO.1 循序渐进减少摄糖量

爱给宝宝喝糖水的爸爸妈妈一定要注意了，从现在开始，每次给宝宝喝果汁或糖水的时候，要逐渐减少糖的摄入量，直到最后宝宝习惯水里不加糖。

NO.2 喂水经常化，少饮多餐

爸爸妈妈给宝宝喂水要少饮多餐，做到喂水经常化。尤其是在炎热的夏季或是干燥的季节，可以试着每隔20～30分钟给宝宝喝点儿白开水，这有助于宝宝爱上喝水。

NO.3 小小杯子造型百变

宝宝有着强烈的好奇心，喜欢新鲜多变的东西。爸妈可利用宝宝的这一心理，常给宝宝变换造型不同的喝水杯子。宝宝看到可爱的杯子，就会开心地喝起杯中的水来了。

（七）添加辅食要讲究策略

日子一天天过去，宝宝也一天天成长，对于大多数宝宝而言，单纯的母乳或配方奶已经无法满足其营养需求了，及时、合理地给宝宝添加辅食已是势在必行。现在，就一起来看看给宝宝添加辅食的全攻略吧。

1 辅食添加 5 原则

在给宝宝添加辅食的时候，妈妈一定要坚持以下原则：

NO.1 品种由一种到多种

在给宝宝添加辅食的时候，妈妈千万不可一次给宝宝添加好几种辅食，那样极易引起宝宝产生不良反应。妈妈在给宝宝添加辅食的时候，一定要让宝宝对不同种类、不同味道的食物有一个循序渐进的接受过程。妈妈在1～2天内给宝宝所添加的食物种类不要超过2种，在给宝宝添加辅食后，观察宝宝在3～5天内是否出现不良反应，排便是否正常，若一切正常，则可试着让宝宝尝试接受新的辅食。

NO.2 食量由少到多

初试某种新食物时，最好由一勺尖那么少的量开始，观察宝宝是否出现不舒服的反应，如一切正常才能慢慢加量。

NO.3 浓度由稀到稠

最初可用母乳、配方奶、米汤或水将米粉调成很稀的稀糊来喂宝宝，确认宝宝能够顺利吞咽、不吐不呕、不呛不噎后，再由含水分多的流质或半流质食物渐渐过渡到泥糊状食物。

NO.4 质地由细到粗

不要在辅食添加的初期阶段尝试米粥或肉末，宝宝还不能接受这些颗粒粗大的食物，还会因吞咽困难而使其对辅食产生恐惧心理。正确的顺序是汤汁——稀泥——稠泥——糜状——碎末——稍大的软颗粒——稍硬的颗粒状——块状等。

NO.5 遇到不适即停止

在给宝宝添加辅食的时候，如果宝宝出现腹泻、过敏或大便里有较多的黏液等状况，需立即停止对宝宝的辅食喂养，待宝宝身体恢复正常之后再给宝宝添加辅食。需要注意的是，令宝宝过敏的食物不可再添加。

总之，在给宝宝添加辅食的时候，不要完全照搬别人小宝宝的经验或者照搬书本的方法，要根据具体情况，及时调整辅食的数量和品种，这是添加辅食中最值得父母注意的地方。

2 辅食添加全过程

在给宝宝添加辅食的过程中，为了宝宝的健康，妈妈应按照以下顺序来进行：

NO.1 喂水果的过程

从过滤后的鲜果汁开始，到不过滤的纯果汁，再到用勺刮的水果泥，到切的水果块，到整个水果让宝宝自己拿着吃。

NO.2 喂蔬菜的过程

从过滤后的菜汁开始，到菜泥做成的菜汤，然后到菜泥，再到碎菜。菜汤煮，菜泥炖，碎菜炒。

NO.3 喂粥饭、面点类的过程

从米汤开始，到米粉，然后是米糊，再往后是稀粥、稠粥、软饭，最后到正常饭。面食是从面条到面片、疙瘩汤、面包、饼干、馒头、饼。

NO.4 喂肉蛋类辅食过程

喂肉蛋类辅食的过程是从鸡蛋黄开始，到整只鸡蛋，再到虾肉、鱼肉、鸡肉、猪肉、羊肉、牛肉。

3 辅食制作有方法

一提到添加辅食，一些新手妈妈就慌了，究竟要给宝宝添加什么样的辅食呢？这些辅食又要怎么制作呢？别着急，下面就为妈妈们介绍一些辅食的制作方法。

NO.1 牛奶米粉

取2大匙婴儿米粉，加入100毫升热牛奶，搅拌均匀呈糊状，即可用小匙喂宝宝食用。

NO.2 大米汤

将200克大米淘洗干净，放入锅中，加入适量清水，用大火烧开后转小火煮20分钟，将上层米汤盛出即可。

NO.3 蛋黄羹

将鸡蛋煮熟，取蛋黄放入碗内研碎，并加少许肉汤调成蛋黄糊。将蛋黄糊放汤锅内小火煮开，搅匀即可。

NO.4 果汁

将水果洗净、去皮，装入榨汁机内榨汁，然后用过滤网去渣取汁，倒入瓶中即可。

NO.5 青菜汁

将完整的青菜叶，如菠菜、油菜等，洗净、切碎，再放入沸水中煮沸4~5分钟，去渣取汁，倒入瓶中即可。

NO.6 西红柿汁

锅内放水加热，沸腾后将西红柿放入煮2~3分钟捞出，将皮剥去，把汁挤出，用1倍的温水冲调，装瓶即可。

NO.7 南瓜汁

将南瓜蒸熟后用勺压烂成泥，加入适量的开水冲调，放在干净的细漏勺上过滤，将南瓜汁装入瓶中即可食用。

NO.8 胡萝卜泥

胡萝卜去皮，洗净，切块后加水煮至软熟（或者蒸熟），晾凉，用汤匙压成泥状，用小匙喂宝宝。

NO.9 水果泥

选果肉多、纤维少的水果，如香蕉、木瓜、苹果等，洗净、去皮后，用汤匙将果肉挖出并压成泥状。

NO.10 肝泥

将去毒的猪肝剁碎，放入少量的水和盐煮烂，将其捣成泥状，用小匙喂给宝宝。

NO.11 鱼泥

将鱼处理干净，放入沸水中，煮好后将鱼皮剥去，除去鱼刺，将鱼肉研碎，用干净的布包好挤去水分。将鱼肉放入锅中，加入食盐、白糖搅匀，再放入开水（鱼肉和水的比例为1：2），直至将鱼肉煮软即可。

4 辅食餐具早备齐

现在要开始喂宝宝辅食了，一套宝宝专用的餐具是必不可少的。

NO.1 塑胶碗

在给宝宝选择胶碗时，应选用高级、无毒、耐用的塑胶制成的小碗。

NO.2 防洒碗

一些防洒碗带有吸力圈，可以将碗牢牢地固定在桌子上或吃饭时所用的高脚椅子的托盘上。防洒碗是非常有用的，因为当宝宝刚刚开始自己吃饭时，不可避免地将饭碗和食物一起掉到地板上，而防洒碗则可以有效减少这一情况的发生。

NO.3 塑胶杯

塑胶材质的杯子较轻，适合刚刚学会拿杯子的宝宝使用。爸爸妈妈在选择杯子的时候，可以选择此类杯子。

NO.4 汤匙

给宝宝用的汤匙一定要好拿、不滑溜、不易摔碎，汤匙的前端必须圆钝不尖锐。

NO.5 带固定装置的椅子

当宝宝可以坐稳之后，妈妈可以给宝宝准备一把带固定装置的椅子，喂养宝宝辅食的时候，让宝宝坐到椅子上。

NO.6 围兜

爸爸妈妈还要给宝宝准备几个有塑胶衬里的毛巾布围兜，围兜衬里及两边的系带可以保护宝宝的衣服不被食物弄脏，最适合几个月大的宝宝使用。当宝宝长大后，妈妈可以给宝宝使用能够遮住前胸和双臂的有袖围兜。

5 辅食喂养有技巧

由于宝宝已经吃惯了乳汁，习惯了奶嘴，因此，并不是每个宝宝都能在建议的时间里顺利接受辅食。刚开始为宝宝添加辅食的时候，一些宝宝会出现哭闹、拒食的现象，爸爸妈妈不要为此而烦躁，一定要有耐心，坚持由少到适量、由一种到多种、由稀到稠、由细到粗的原则，再运用一些技巧，宝宝最终一定会接受辅食的。

妈妈每次在给宝宝添加一种新食物的时候，都要从一勺开始，在勺内放入少量食物，还应注意观察宝宝的反应。如果宝宝很饿，看到食物就会手舞足蹈。相反，如果宝宝不饿，则会将头转开或是闭上眼睛。遇到不饿的情况，爸爸妈妈一定不要强迫宝宝进食，因为如果宝宝在接受辅食的时候心理受挫，这会给他日后接受辅食带来极大的负面影响。

6 宝宝不愿吃辅食，妈妈这样喂

喂辅食时，宝宝吐出来的食物可能比吃进去的还要多，有的宝宝在喂食中甚至会将头转过去，避开汤匙或紧闭双唇，甚至可能一下子哭闹起来，拒吃辅食。遇到类似情形，妈妈不必紧张。

NO.1 宝宝从吮吸进食到"吃"辅食需要一个过程

在添加辅食以前，宝宝一直是以吮吸的方式进食的，而米粉、果泥、菜泥等辅食需要宝宝通过舌头和口腔的协调运动，把食物送到口腔后部再吞咽下去，这对宝宝来说是一个很大的飞跃。因此，刚开始添加辅食时，宝宝会很自然地顶出舌头，似乎要把食物吐出来。

NO.2 宝宝可能不习惯辅食的味道

新添加的辅食或甜，或咸，或酸，这对只习惯奶味的宝宝来说也是一个挑战，因此刚开始时宝宝可能会拒绝新味道的食物。

NO.3 妈妈要掌握一些喂养技巧

妈妈给宝宝喂辅食时，要使食物温度保持为室温或比室温略高一些，这样，宝宝就比较容易接受新的辅食；勺子应大小合适，每次喂时只给一小口；将食物送到宝宝的舌头中央，让宝宝便于吞咽。不要把汤匙过深地放入宝宝的口中，以免引起宝宝作呕，从此排斥辅食和小匙。

（八）让宝宝学会咀嚼

一般来说，4~8个月是宝宝学习咀嚼和吞咽的黄金时间，错过这段时间，宝宝学习吃东西就会变得比较困难。因此，在这段时间里，妈妈应该开始有意识地给宝宝提供咀嚼的机会，让宝宝学会咀嚼。

1 咀嚼能力培养的重要性

宝宝需要长时间循序渐进地练习，才能做好咀嚼这一门功课。而咀嚼需要口腔、舌头、牙齿、脸部肌肉、嘴唇的完美配合，才可以顺利地将嘴里的食物磨碎或咬碎，进而吃下食物。如果爸爸妈妈没有注意训练宝宝的咀嚼能力，并忽略给宝宝提供各个阶段不同的辅食，等宝宝长大一些，爸爸妈妈就会发现宝宝由于没有良好的咀嚼能力，而无法咀嚼较硬或较为粗糙的食物，很有可能会导致宝宝挑食、营养不良等。

2 训练宝宝咀嚼有技巧

在对宝宝进行咀嚼训练时，爸爸妈妈应将食物如饼干、馒头片等掰成小块之后再喂宝宝。最初宝宝可能会将食物含在嘴中，然后再将其吐出。这时候，爸爸妈妈千万不要气馁，更不要放弃，应鼓励宝宝反复练习。爸爸妈妈还可以成为宝宝学习咀嚼的模特儿，给宝宝做示范。需要提醒爸爸妈妈的是，在训练宝宝咀嚼的过程中，千万不要喂宝宝大豆、花生等圆而硬的食物，以防宝宝将其吸入鼻孔而导致窒息。

（九）莫踏入辅食添加的误区

6 个月大的宝宝，消化器官已经发育得比较好，对乳类以外的食物也有了消化能力，并且宝宝本身也对乳品外的食物表现出了极大的兴趣。这时，不管你的乳汁是否充盈，都应给宝宝适当地添加辅食了。

但给宝宝添加辅食并不是一件简单的事情，其中也蕴涵着诸多科学喂养知识。不少新手爸妈受到"传统思想"的影响，稍有不慎，就会步入以下辅食喂养的误区：

误区1 以辅食替代乳类

有些妈妈认为，宝宝既然已经可以吃辅食了，就可以减少或中止宝宝对母乳或其他乳类的摄入了，这种想法是十分错误的。母乳依然是这个阶段宝宝的最佳食品，其中含有的营养素和所供给的能量比任何辅食都多且质优，而辅食只能作为一种补充食品存在。

误区2 辅食吃得越多长得越壮

有些妈妈总是担心宝宝的营养不够，希望宝宝能够吃得更多，吃得更饱。平时，只要宝宝有想吃东西的意愿，妈妈就从不限制，还经常给宝宝吃一些超级"营养"食品，如奶油蛋糕、巧克力等。小宝宝这么吃下去，会变得越来越胖，可妈妈却认为这没什么，有些还认为宝宝越胖越漂亮。殊不知，让宝宝吃过多辅食，摄入过量的营养，不但会对宝宝的健康造成影响，还会对宝宝的智商造成影响。因此，爸妈在喂养宝宝的过程中，一定要注意科学喂养，均衡饮食。

误区3 添加形形色色的调味品

在给宝宝制作辅食时，爸妈通常对于原材料十分关心，却忽视了辅食中所加入的调味品。要知道，一些常见的调味品也会对宝宝的健康产生不利影响。爸妈在为宝宝制作辅食时，应尽量避免添加过多的调味品，以保证宝宝的健康。

误区 4　经常给宝宝吃油炸食品

有些妈妈知道宝宝需要一定脂肪后，便经常给宝宝吃油炸食物，而油炸食品中的炸薯条、炸土豆片恰恰是宝宝超爱的小食品，吃起来更是不亦乐乎。殊不知，经常食用油炸食品对宝宝的正常发育是极为不利的。油炸食品在制作过程中，由于油的温度过高，会使食物中所含的维生素被大量地破坏，不利于宝宝的营养吸收。如果制作油炸食物时反复使用以往使用过的剩油，食物里面会含有十多种有毒的不挥发物质，对宝宝的健康十分有害。另外，油炸食物也易消化，易使宝宝的胃部产生饱胀感。

误区 5　给宝宝加"油"易引起动脉硬化

有些妈妈认为，小宝宝的血管十分稚嫩，容易被"油水"伤着，担心给宝宝加"油水"会引起宝宝动脉硬化，让宝宝小小年纪就患上高血压或心脏病。其实，小宝宝和成人一样，也是需要脂肪的。脂肪乃是小宝宝生长发育必需的三大营养素之一，对其健康起着重要作用。如宝宝缺乏脂类营养，就会影响宝宝的大脑和组织器官发育，还会引发一系列脂溶性维生素缺乏症，如皮肤湿疹、皮肤干燥脱屑等。妈妈给宝宝添加辅食之后，应该适当给宝宝加点"油"。

误区 6　让宝宝喝蜂蜜水

蜂蜜不但香甜可口，而且富含维生素、葡萄糖、果糖、多种有机酸和有益人体健康的微量元素。但是，蜂蜜中可能存在肉毒杆菌芽孢，成人抵抗力强，食用后不会出现异常；但宝宝的抵抗力较差，肠道菌群发展不平衡，食用后容易引起食物中毒。建议爸爸妈妈不要给1岁以下的宝宝喂食蜂蜜。

误区 7　让宝宝吃过多甜食

6个月的宝宝对味道更加敏感，而且容易对喜欢的味道产生依赖，尤其是甜味。很多宝宝都喜欢甜食，但如果大量进食含糖量高的食物，宝宝能量补充过多，就不会产生饥饿感，不会再去想吃其他食物。吃甜食多的宝宝从外表上看长得胖乎乎的，体重甚至还超过了正常标准，但是肌肉很虚软，身体不是真正健康。宝宝甜食吃多了还容易患龋齿，不仅影响乳牙生长，还会影响将来恒牙的发育。因此，妈妈千万不要给宝宝吃过多的甜食。

误区 8　让宝宝喝茶

茶水有利尿的作用，宝宝喝茶之后尿量增加，会对其肾脏功能造成影响。茶水中含有大量的鞣酸，会影响人体对铁元素的吸收，导致宝宝患缺铁性贫血。另外，茶水中的鞣酸等成分还会刺激宝宝的胃肠道黏膜，影响营养物质的吸收。

误区 9　从不让宝宝吃零食

有些妈妈很少或从不让宝宝吃零食，她们认为零食会影响宝宝的正常饮食，妨碍宝宝身体对营养的摄取。妈妈们的这种想法是很不科学的。研究显示，宝宝恰当地吃一些零食有助于营养均衡，是宝宝摄取多种营养的一条重要途径。妈妈给宝宝吃零食，关键是要把握一个科学尺度：

① 给宝宝吃零食的时间要恰当，最好安排在两餐之间吃。

② 每次要控制好宝宝的零食量，莫让零食影响正餐。

③ 要选择清淡、易消化、有营养的小食品，如新鲜水果、果干、奶制品等，零食不要太甜、太油腻。

（十）断掉"夜奶"并不难

很多宝宝都有喝夜奶的习惯，如果妈妈没有及时让宝宝断掉夜奶，晚上一到点宝宝就会哇哇大哭，不仅影响睡眠，不利于宝宝的大脑发育，还会影响宝宝消化系统的发育，并易造成龋齿。人们常说："6个月时戒哭3天；1岁后戒哭3周；3岁再想戒，宝宝半夜起来冲奶。"由此可见，宝宝若有喝夜奶的习惯，应尽早在宝宝6个月时戒掉。

1 饿了还是犯了奶瘾？

有些妈妈会说，宝宝才6个月就要控制他喝奶，真不忍心这么做。其实，宝宝6个月大以后，肠胃就有了一定的储存能力，妈妈不必担心会饿坏宝宝。由于个体发育有差异，有些宝宝到晚上确实就饿了，这时妈妈要怎么判断宝宝到底是饿了还是犯了奶瘾呢？

告诉妈妈一个简单的方法，就是在宝宝哭的时候摸摸宝宝的小肚子，如果宝宝的肚子瘪瘪的，摸上去软软的，就表示小宝宝确实饿了，这时候需要妈妈喂他奶喝啦；若宝宝的肚子鼓鼓的，并且拼命吮吸自己的手指，这就是犯了奶瘾，妈妈需要积极帮助宝宝戒掉这个坏习惯。

2 断夜奶的好方法

给宝宝断夜奶的方法有很多，下面就给妈妈们推荐三个断夜奶的好方法：

NO.1 睡前饱餐一顿

妈妈可以在下午6点钟左右让宝宝吃点米粉或粥，到了晚上10点时喝一瓶奶，宝宝吃饱饱，夜里就能睡个安稳觉了。随着宝宝肠胃功能的健全，妈妈还可给宝宝添加鱼泥、肝泥等含铁丰富且易吸收的食物。

NO.2 用温水代替奶

宝宝半夜醒来时，不要直接将宝宝抱起来，应尽量先拍宝宝一会儿，如果宝宝仍然哭泣，妈妈则可将配方奶调得稀一些让宝宝喝，并逐渐过渡到用温开水代替奶。

NO.3 调整作息时间

白天减少宝宝的睡眠时间，让宝宝多玩多动，这样宝宝在晚上的睡眠质量就比较高，睡觉时间比较长。妈妈还可让宝宝睡觉时间比平时稍晚一些，并在临睡前让宝宝吃饱，宝宝在夜里睡得也会比较香。

（十一）补足营养，呵护宝宝小指甲

指甲虽小，但却至关重要，它既可以保护宝宝的手指免受伤害，也是宝宝营养与健康状况的一面小镜子。因此，爸爸妈妈一定要悉心呵护宝宝的小指甲。

1　宝宝健康指甲的样子

健康宝宝的指甲通常具有以下特征：

■ 指甲呈可爱的粉红色，光滑亮泽。

■ 指甲表面无斑点、无凹凸、无裂纹。

■ 指甲坚韧且呈优美的弧形。

■ 指甲半月颜色稍淡。

■ 甲阔上没有倒刺。

■ 轻轻压住宝宝的指甲末端，如果甲板呈白色，放开后立刻恢复为粉红色。

若有上述特征，则说明宝宝的指甲十分健康，同时也表明宝宝的身体十分健康。

2　补足营养，让指甲更健康

做过上面的测试后，相信现在应该是"几家欢乐几家愁"吧。宝宝指甲不健康，这是宝宝在借小小指甲向爸爸妈妈传递信号，想要让爸爸妈妈知道需要给自己补充下列营养啦。

NO.1 蛋白质

指甲中97%的成分是蛋白质，妈妈应坚持让宝宝每天摄入一定量的乳类、黄豆类，可有效预防宝宝指甲断裂。

NO.2 B族维生素

宝宝体内缺乏B族维生素会使宝宝的指甲变得粗糙。爸爸妈妈可以让宝宝吃些蛋黄、动物肝脏、绿豆与深绿色蔬菜等。

NO.3 锌

宝宝缺锌时，指甲上便会长出白色的斑点，可让宝宝多吃肉类、海产品、全麦食品等。

NO.4 胱氨酸

氨基酸之一的胱氨酸也是指甲成分之一，爸爸妈妈可以让宝宝多吃瓜果、蔬菜、坚果等来补充人体所缺的胱氨酸。

4 宝宝的成长发育 ·········

（一）夏季脱水热：不要急着给宝宝吃药

在炎热的夏季，有的宝宝突然发热，却查不出原因；宝宝即便吃了药，体温依然没有下降的趋势。但是，给宝宝喝点水后，宝宝的体温又会有所下降。爸爸妈妈对于宝宝出现的这种情况真是百思不得其解，故称之为"无名热"。其实，宝宝出现这种情况，多半是患了"脱水热"。

1 补水不及时，宝宝出现"无名热"

4 个月左右的宝宝汗腺已经开始发育，会因为夏天气温高而出汗，这是宝宝释放热量的有效方式。如果宝宝出汗过多，皮肤水分蒸发过多，又未能及时补充水分，就会出现脱水热。

2 护理有方，给宝宝降温

宝宝夏季出现脱水热的时候，爸爸妈妈可按以下方法对宝宝进行护理：

NO.1 让宝宝多喝水，而非吃感冒药

宝宝出现脱水热时，妈妈经常会根据其症状认为宝宝患了感冒而给宝宝吃感冒药，感冒药又多具有发汗作用，这就会导致宝宝脱水更为严重，使宝宝体温变得更高。宝宝夏季患了脱水热，爸爸妈妈不要轻易给宝宝吃感冒药，首先要给宝宝补充水分，增加宝宝的尿量，宝宝的体温自然会下降。

NO.2 不宜立即降低室内温度，可洗温水澡降温

当宝宝出现脱水热时，爸妈不要立刻降低室内温度，这会让宝宝在受热的基础上外感风寒，即热伤风。正确的做法是先让宝宝喝水以降低体温，之后给宝宝洗温水澡降温，洗澡时注意室内温度与室外温度不要相差太大，温差最好不超过7℃。

NO.3 夏季注意防蚊虫

在夏季时，爸爸妈妈要注意防蚊虫，蚊子叮咬会传播乙脑病毒。苍蝇落在宝宝的手上、脸上，沾在手上的病菌会通过宝宝吮吸手指而进入消化道，从而引发宝宝肠炎。

NO.5 户外活动需注意

带宝宝进行户外活动时，应让宝宝待在树荫下，防止太阳直射。

NO.4 注意餐具的卫生

注意保持宝宝餐具的清洁，防止"病从口入"。

NO.6 用音乐安抚宝宝

宝宝出现脱水热，会变得烦躁不安，爸爸妈妈可以给宝宝播放一些舒缓的音乐，能很快让宝宝安静下来。

3 做好预防，远离"无名热"

想要预防宝宝在夏季出现脱水热，爸爸妈妈应注意以下 4 点：

1 夏季应给宝宝经常洗澡，勤换衣服，在洗澡时避免对流风。

2 爸爸妈妈要保持室内空气的清新，在夏季一定要注意定时开窗通风。

3 给宝宝营造一个舒适凉爽的环境也十分重要，这样可以避免宝宝大量出汗。

4 要注意给宝宝补充水分，防止宝宝因缺水而引起脱水。

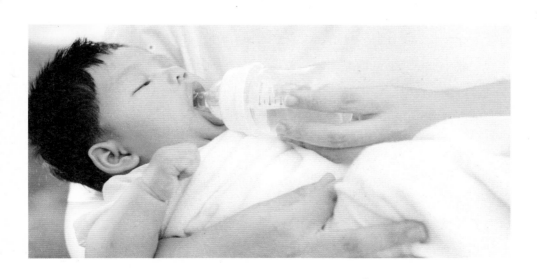

（二）小儿缺锌：宝宝发育有障碍

宝宝缺锌，会对宝宝的生长发育造成很大的危害，比如可能会使宝宝患上矮小症等。但是很多妈妈都不知道该如何给宝宝补锌。

1 宝宝缺锌的危害

锌是人体非常重要的元素，参与人体各种重要酶的合成，如果宝宝缺锌，会对宝宝的生长发育造成下列危害：

NO.1

刚出生的宝宝缺少锌，脑胶质细胞要减少 15%，可能会导致终生不能修复的损害。

NO.2

缺锌还会使宝宝免疫力降低，增加腹泻、肺炎等疾病的感染率，此外，佝偻病和贫血的患儿大多都缺锌。

NO.3

宝宝缺锌还会使宝宝的皮肤粗糙，毛发变黄、干枯，使宝宝的味蕾功能受到损害，出现饮食无味、厌食等情况。因此，爸爸妈妈平时要注意给宝宝补锌，积极防治小儿缺锌。

2 宝宝为什么会缺锌?

宝宝缺锌既有先天因素，又有后天影响。母乳喂养是最科学的育婴途径，因为母乳中含有能与锌结合的小分子量配体，有利于锌的吸收，而乳制品中则缺乏这种配体。此外，膳食单一、挑食偏食、精细食物过多都会阻碍锌的吸收。

另外，在我国，很多人都喜欢在菜肴中添加味精，味精（谷氨酸钠）随食物进入人体后，在肝脏中被谷丙转氨酶转化，生成谷氨酸后再被人体吸收。但对于婴幼儿，过量的谷氨酸能与血液中的锌发生特异性结合，生成不能被机体利用的谷氨酸锌，随尿液排出体外，从而使婴幼儿体内的锌被逐渐带走，导致机体缺锌。此外，谷类食物含有较多的磷酸盐，会与锌形成不溶性的复合物而阻碍锌的吸收。

3 先检查，后补锌

一般来说，爸爸妈妈很难知道自己的宝宝是否缺锌，因此尚未确定前，千万不要随便给宝宝补锌。如果发现宝宝食欲降低，生长速度减慢，最好先带宝宝到医院做化验检查。如果医生认为宝宝缺锌，宝宝也有缺锌的症状，可试验性给予锌剂。

4 做好预防最重要

如果等到宝宝因为缺锌而出现矮小症或智障等症时，再补锌恐怕已经来不及了，因此做好预防工作永远是重中之重。预防小儿缺锌要注意以下几点：

NO.1 坚持母乳喂养

母乳中富含各种宝宝身体所需的营养物质，其中锌含量较高，因此，妈妈应坚持母乳喂养。在母乳喂养的同时，也不要忘记给宝宝添加辅食，而且要适当挑选富含锌和铁的食物。

NO.2 巧吃食物来补锌

哺乳的妈妈吃含锌量较高的食物是补锌的好办法。含锌量丰富的食物有：肉类中的猪肝、瘦肉，海产品中的鱼、牡蛎，豆类食品中的黄豆、绿豆，坚果类中的花生、核桃。

NO.3 良好的饮食习惯

爸妈给宝宝的饮食应尽量多样化，做到荤素搭配、粗细搭配，避免一味给宝宝吃精制食品。注意多给宝宝吃富含微量元素的食物，并保证宝宝每日摄入足够的热量、蛋白质和水分。

5 宝宝补锌，并非多多益善

婴幼儿生长发育较快，对锌的需要量相对大一些，但并非多多益善，过多的锌会对宝宝的健康造成损害。

削弱免疫力：锌在镁离子的作用下，可以抑制吞噬细胞的活性，降低其趋化作用和杀菌作用。在正常情况下，这种作用会被血清蛋白质和钙离子所抑制，所以，低钙者和佝偻病患儿服锌过多，会导致免疫功能受损，抗病能力减弱。

导致铁含量减少：摄入太多的锌会减少体内血液、肾脏、肝脏内的含铁量，导致发生缺铁性贫血。

引起动脉粥样硬化：使胆固醇代谢紊乱，导致锌与铜的比值增大，产生高胆固醇症，从而易引起动脉粥样硬化。

因此，补锌要适度。一旦宝宝的临床症状得到改善，就应当马上停止服用锌剂，转用饮食疗法提供全面的营养。

（三）便秘：宝宝几天没大便了

便秘也是小儿常见的一种症状，有时单独作为一种病症出现，有时见于其他疾病中。5个月龄的宝宝经常会出现便秘的问题，当宝宝便秘时，因无法顺利排出粪便，肠道所要承受的负担就会加重，让宝宝感到不舒服。

1 如何判断宝宝便秘了？

由于每个宝宝的身体素质均有所不同，排便也有其自身的规律。有些宝宝可能每次吃奶后都要排便，而有些宝宝可能一两天或几天才大便，因此，爸爸妈妈不能因为宝宝排便间隔时间过长而认为宝宝便秘了。对于宝宝而言，没有所谓统一的"正常"排便次数和时间，这就需要爸爸妈妈细心观察，了解自家宝宝的排便规律，以便及时发现宝宝便秘的迹象。不过，宝宝便秘还有两个最主要的特点：

NO.1

宝宝大便次数和平时相比减少，尤其是宝宝3天以上都未大便，且排便时小脸憋得通红，那么，宝宝很可能是便秘了。

NO.2

宝宝排出来的便便又硬又干，很难拉出来，在此情况下，宝宝也有可能是便秘。另外，宝宝便秘还会有一些其他症状，如腹部不适、左下腹有硬块、焦躁易怒、进食情况不佳等，这都需要爸爸妈妈平时多留心观察。

2 大便不通有原因

一般来说，引起宝宝便秘的因素主要有以下6个：

NO.1 吃配方奶引起宝宝便秘

如果宝宝长期喝配方奶，奶粉中的某些成分可能会引起宝宝便秘。

NO.2 所吃食物中纤维素含量较少

喂养宝宝的时候如果不注意为宝宝补充含纤维素较多的水果、蔬菜等食物，也容易使宝宝出现便秘。

NO.3 宝宝饮水量不足

若宝宝平日里饮水量不足，他的身体就会从他吃喝的食物中吸收水分，当然，也包括从宝宝肠道废物中"回收"水分，从而导致宝宝大便干结，不易拉出。

NO.4 疾病及精神因素

如果宝宝患有肛门狭窄、先天性肌无力、肠管功能异常、先天性巨结肠等疾病也会便秘，这种情况要及时到医院诊断治疗。宝宝受到突然的精神刺激（如惊吓或生活环境改变等）也会出现短暂的便秘现象。

NO.5 没有养成定时排便的习惯

宝宝没有养成定时排便的习惯，该排便时没有去排便而抑制了自己的便意，长此以往，宝宝的肠道就会失去对粪便刺激的敏感性，使大便在肠内停留的时间过长，变得又干又硬。

NO.6 运动量不足也会引起便秘

宝宝运动量不足，肠道蠕动速度减慢，也会引发宝宝便秘。

3 做好护理，击退便秘

对于小宝宝来说，便秘的危害可大了。便秘会导致腹胀、腹痛、食欲不振、毒素吸收，从而影响到宝宝的体格和智力发育。排便时坚硬的大便可使肛门发生裂伤，引起出血、疼痛，从而导致宝宝害怕排便、不敢排便。长期便秘还会使直肠内滞留大量粪梗，对膀胱形成压力，使宝宝患上遗尿症或尿道感染。

宝宝出现便秘，爸爸妈妈究竟要怎么办呢？别着急，做好护理，就能轻松击退便秘。

NO.1 巧用按摩法促进宝宝排便

方法：手掌向下，平放在宝宝脐部，按顺时针方向轻轻推揉，这样可以加快宝宝肠道的蠕动，有效促进宝宝排便。

NO.2 调理饮食，治疗便秘

妈妈可让宝宝每天喝100毫升左右的酸奶。宝宝喝了酸奶之后，排便就会变得十分通畅。如果宝宝喝了100毫升的酸奶后仍无效，可尝试增加1倍的量。另外还可让宝宝多吃些含膳食纤维素高的水果、菜末、海苔、海带等食物，可以有效改善便秘症状。

NO.3 利用棉签进行润肠

如果通过进餐、补充水分、运动都无法消除便秘症状的话，可以用棉签蘸上婴儿油后，探入肛门内1～2厘米深，来回转动予以润肠。

4 做好预防不便秘

便秘如果不及时治疗，引起的后果可能会相当严重，对此爸爸妈妈一定要高度重视。爸爸妈妈平时就应该注意预防宝宝便秘，下面是预防宝宝便秘的几点措施。

NO.1 营养均衡

爸爸妈妈一定要保证宝宝营养均衡，每天都应使宝宝摄入一定量的五谷杂粮、水果、蔬菜等，比如可以给宝宝吃一些菜泥、果泥，或是喝一些果蔬汁，这样可以增加宝宝肠道内的膳食纤维，促进肠道蠕动，有助于排便。

NO.2 保证活动量

宝宝运动量不足也会导致便秘。因此，爸爸妈妈一定要保证宝宝每天有一定的活动量。在宝宝还不能独立行走之前，爸爸妈妈要多抱抱他，不要总是让他躺着，也可以多揉揉宝宝的小肚子，这也有益于宝宝的肠道蠕动。

NO.3 定时排便

爸爸妈妈应在平时生活中有意识地训练宝宝定时排便的习惯，一般在清晨或傍晚喂哺食物之后就可以给宝宝把把便，长期这样可引起条件反射，宝宝就会养成定时排便的好习惯了。

（四）食物过敏：妈妈莫乱喂食

对于婴幼儿宝宝尤其是过敏体质的宝宝来说，食用某些食物很可能会引起过敏反应，引发上吐下泻，这让妈妈们非常担心。

1 掌握线索，判断宝宝是否有食物过敏症状

那么怎样得知宝宝是否对某种食物过敏呢？爸爸妈妈可以通过一些线索来判断。如果宝宝每次在食用了某种食物之后就会出现过敏症状，则可断定宝宝对该种食物过敏。如果症状只是偶然出现，则不算对此食物过敏。

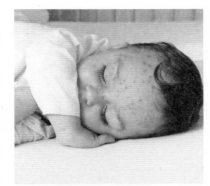

牛奶、西红柿、鸡蛋、黄豆、鱼、咖啡、巧克力等食物比较容易引起过敏反应。宝宝食物过敏的症状可能表现为湿疹、哮喘、支气管炎、呕吐、腹泻、荨麻疹、耳部感染、急性口腔炎或舌头肿胀等，但是这些症状也可能是由其他疾病引起的，因此爸爸妈妈要综合情况加以辨别。

2 宝宝为何会发生食物过敏？

婴幼儿宝宝容易发生食物过敏的原因，一方面是因为宝宝的肠道功能发育尚未成熟，宝宝的小肠结构不成熟、肠黏膜通透性高，大分子物质容易被小肠吸收，从而引发过敏；另一方面是因为小宝宝肠道内抗感染、抗过敏作用的双歧杆菌、乳酸杆菌数量少，也容易引起食物过敏。

3 宝宝食物过敏护理方法

如果确定宝宝的症状是因为对某种食物过敏引起的，这时候爸爸妈妈可以为亲爱的宝宝做些什么呢？

NO.1 找出引起过敏的食物

首先，爸爸妈妈需要找出这个"罪魁祸首"。爸爸妈妈可以通过以下方面找出过敏原：从宝宝最常吃的食物中，选出最可疑的过敏原。最容易引起过敏的食物有：乳制品、黄豆、荞麦、玉米、豌豆、糖、巧克力、花生酱、西红柿、肉桂、蛋白、猪肉、小麦、柑橘类、芥末等。可以先从乳制品开始查找，不过要排除乳制品并不容

易，因为许多好吃的食物都是乳制品，如牛奶、酸奶等，而牛奶里的蛋白质是最常见的过敏原。连续两星期不要让宝宝吃这些可疑食物，并记录下你的观察。如果你没观察到任何变化，再开始试下一样可疑的过敏原，直到你认为可疑的食物都试验过。通过试验，分别记录下宝宝吃的可疑食物、宝宝的症状、停掉该食物的反应等，可以帮助你找出过敏食物。

NO.2 给宝宝创造一个良好的环境

爸爸妈妈要尽力给宝宝创造一个很好的环境，多关心呵护宝宝，给予适当的心理支持和鼓励，这也有利于病情的缓解和控制。

4 做好预防，降低宝宝食物过敏概率

如果平时注意对宝宝的喂养技巧，就能大大降低宝宝食物过敏的概率。预防宝宝食物过敏，妈妈在喂哺时要注意以下事项：

NO.1 全母乳喂养

对于容易发生过敏症的宝宝，最好采用全母乳喂养。母乳中含有宝宝所需要的全部营养，并可大大降低过敏的发生率。妈妈应当适当延长哺乳期，哺乳时长可以延续到宝宝对食物过敏的消失期，即最好等宝宝10～12个月大时再尝试给宝宝断奶。

NO.2 逐步添加辅食

宝宝在4～6个月时就可以添加辅食了，这不仅可以锻炼宝宝的进食能力，还能提高宝宝对食物的适应能力。在给宝宝添加辅食时，要按正确的方法和顺序，先添加谷类，其次是蔬菜和水果，然后是肉类。每添加一种新食品时，都要细心观察是否出现皮疹、腹泻等不良反应。如有不良反应，则应该停止添加这种食品，隔几天后再试，如果仍然出现前述症状，则可以确定宝宝对该食物过敏，应避免再次喂食。

NO.3 添加辅食要科学

给宝宝添加辅食要科学合理，一般在宝宝4～5个月开始添加素食，然后逐渐在6～7个月添加鱼肉等荤菜；食物的量是先少后多；主食是先添细粮后添粗粮，按照由稀到稠的原则。

（五）肠套叠：让宝宝大哭不止的元凶

肠套叠是指某段肠管进入了临近的肠腔内，引发肠道堵塞。肠套叠是小儿外科最常见的急腹症，多发于6个月至1岁的宝宝。

1 宝宝患病有原因

宝宝出现肠套叠主要是由以下几个因素引起的：

NO.1 饮食性质和规律的改变

4~10个月龄的宝宝正值从单纯吃母乳或配方奶到添加辅食或断奶的阶段，宝宝此时消化道能力相对薄弱，不能很快地适应新添加的食物的刺激，再加上有些爸爸妈妈喂养方法不当，极易引发宝宝肠套叠。

NO.2 肠炎、菌痢等疾病所引起

肠炎、菌痢等腹泻疾病会加速肠道蠕动，此时宝宝的肠道功能发育尚未完全，肠道的过度蠕动会引发肠套叠。

NO.3 寄生虫和毒素的刺激等

寄生虫和毒素的刺激以及肠运动发生异常，使得宝宝的肠道难以抵抗或应对这些变化，极易发生肠套叠。

2 宝宝生病，爸妈护理

宝宝患上肠套叠后，爸爸妈妈一定要细心照顾宝宝，采取以下方法对宝宝加以护理：

NO.1 气体灌肠法

婴儿肠套叠来势凶猛，但如果早期能够发现并确诊病情，95%以上的患儿都可以通过气体灌肠法（通过塞入直肠内的导管，向肠道中注入一定量压力的气体，使套入的肠管逆行复位）而治愈，这个方法十分简单，效果明显，且不会给患儿带来痛苦。

NO.2 急诊手术

如果到了晚期（超过2天以上），患儿出现面色不佳、眼窝下陷、高热不退等症状，甚至出现脉搏微弱、手脚发凉等症状时，就不可使用简单的气体灌肠法来治疗了，这时候需要对宝宝进行急诊手术，但手术的危险性较大，因此还是早发现、早治疗为好。

NO.3 密切观察病情变化

宝宝患病期间，爸爸妈妈应当密切观察宝宝的病情变化，注意宝宝是否出现阵发性哭闹、呕吐等。一旦有异常出现，需立即告知医生。

3 做好预防，将疾病挡在门外

要想预防宝宝发生肠套叠，爸爸妈妈需要在日常生活中做到以下几点：

NO.1 合理喂养

爸爸妈妈平时要注意科学喂养宝宝，不可让宝宝过饱或过饥。给宝宝添加辅食的时候，一定要遵循由少量到多量、由一种到多种、由粗到细、由稀到稠的原则。在炎热的夏季或宝宝身体不适的时候，宝宝的食欲会下降，适应能力较差，爸爸妈妈不宜给宝宝添加新的辅食。

NO.2 留心宝宝的变化

爸爸妈妈在日常生活中要注意观察宝宝的一切变化，发现问题就及时带宝宝去医院就诊，这样可以有效降低宝宝患肠套叠的几率；若是患病，则能得到及时有效的治疗。

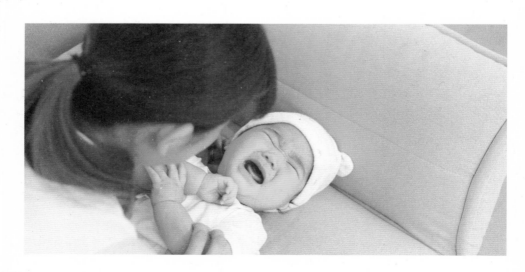

（六）幼儿急疹："疹"出热退

幼儿急诊常发生于1周岁以下的宝宝身上，由于起病急、出疹快，因而被称为"急疹"，其特点为"热退疹出"。

1 幼儿急疹症状

宝宝最初感染幼儿急疹时并无什么明显症状，随后会突然起病，持续发高烧 3 ～ 5 天，体温可升至 39 ～ 41℃。有的可能伴有轻微的腹泻、厌奶、呕吐、睡眠不好等症状，情况较为严重的宝宝还会出现淋巴结肿大、嗓子红肿等症状。退热后，宝宝的身上、胳膊上、脖子上会长出很多红色的小疹子，这些疹子会在 24 小时内出齐，经过 1 ～ 2 天可消退。疹子消退后并不会在宝宝稚嫩柔滑的皮肤上留下痕迹，这一点爸爸妈妈无须担心。

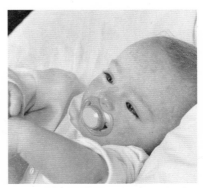

2 都是病毒惹的祸

幼儿急疹是由疱疹病毒感染所引起的一种出疹性疾病，通过呼吸道传染，一年四季均可发病，尤其在春、秋两季较为普遍。宝宝患上幼儿急疹很大程度上源于成人，成人感染了疱疹病毒时并不发病，但其病毒却会通过呼吸道飞沫传染给宝宝。

3 宝宝患病巧护理

幼儿急疹并不是什么大病，虽然它是一种传染性疾病，但其传染性并不是很强，治愈之后对宝宝的身体健康并无太大影响。而且宝宝出过一次幼儿急疹后，就不会再出了，爸爸妈妈无须为此太过担心。不过，宝宝得了幼儿急疹后的护理工作仍然十分重要。

NO.1 注意休息

宝宝患病后，爸爸妈妈要注意多让宝宝卧床休息，被子不应盖得太厚太多，所处的室内要安静，定时开窗换气，以保持室内空气的清新。

NO.2 物理降温

宝宝高热时，要不停地给宝宝擦拭，进行物理降温，另外也要注意保暖，别让宝宝着凉。当宝宝的体温超过39℃时，可用浓度为75%的酒精为宝宝擦身，防止宝宝因高热引起惊厥。

NO.3 喝水排毒

爸爸妈妈要多给宝宝喝水，这样可以通过汗、尿而实现排毒的目的。

NO.4 谨慎用药

由于幼儿急疹的症状和感冒的症状看起来很像，有些妈妈便会在宝宝患病初期给宝宝吃形形色色的抗生素或输液，殊不知，这会对宝宝的身体抵抗力造成极大的伤害。在宝宝患幼儿急疹后，爸爸妈妈一定要谨慎用药，悉心观察病情的发展。

NO.5 心理调试

通常，得了幼儿急疹的宝宝会变得烦躁不安、易疲倦、爱哭闹，爸爸妈妈这时候要多给宝宝一些抚摸，给予宝宝更多的关心与爱，让宝宝有足够的安全感。

4 做好预防，谨防疹发

幼儿急疹现在确定为疱疹病毒6型或7型感染，要想不生病，一要切断感染源头，加强隔离；二要增强宝宝抵抗力，做好"三浴"（日光浴、空气浴和水浴）。

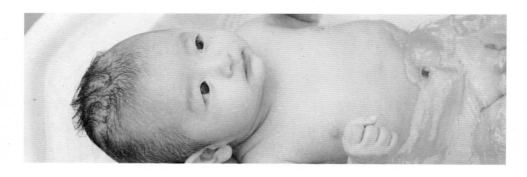

（七）流口水：宝宝口水源源不绝为哪般？

每个宝宝都要经历一段流口水的时期，有些宝宝流口水多一些，有些宝宝流口水少一些。宝宝流口水并不是疾病，而是一种生理现象，但这也给爸爸妈妈护理宝宝带来了不少麻烦，不仅需要经常给宝宝更换口水巾和衣服，宝宝的局部皮肤还会因为口水长期浸渍而发红、破损甚至糜烂。

1 宝宝流口水原因多

一般来说，宝宝流口水是由以下几方面原因引起的：

NO.1 大部分宝宝流口水为生理现象

5～6个月时，宝宝唾液腺发育成熟，唾液会显著增多，而宝宝的口腔比较浅，吞咽和调节功能发育还不够完善，不能及时吞咽下分泌后积存在口腔中的唾液，而且因为闭唇、吞咽动作还不够协调，因此就会出现口腔中唾液溢流出嘴巴外的现象。通常，宝宝流口水最多的时期正好处在长牙阶段，乳牙的萌出顶破牙龈，会刺激到牙龈的神经，更加刺激到唾液腺，呈现反射性唾液分泌量增加。

另外，宝宝处于辅食添加期时，口水也会较多。这是因为宝宝的饮食中逐渐加入了含淀粉等营养成分的糊状食物，宝宝的唾液腺受到这些食物的刺激后，唾液分泌会明显增加，当口腔内的口水存到一定量时就会流出。

NO.2 警惕由疾病引起的流口水

上述现象都属于宝宝正常的生理现象，不算是病。但是爸爸妈妈对于宝宝流口水也不要掉以轻心，实际上有很多流口水现象是由疾病引起的。

1 腮部腺体疾病：如果大人们经常因宝宝好玩而捏压小儿脸颊部，就会使宝宝腮部腺体机械性损伤而导致流口水。

2 咽部疾病：宝宝若出现扁桃体肿大、咽喉发炎，也会导致宝宝流口水。

3 口腔疾病：如果宝宝患有口腔疾病，如口腔炎、黏膜充血或溃烂，或舌尖部、颊部、唇部溃疡等，也会导致流口水。

4 **脑部疾病**：脑部的疾病也会引发宝宝的调节吞咽功能出现障碍，出现持续性地流口水。如果宝宝持续性流口水，且其生长发育明显落后于其他同龄宝宝，或经常吐舌头、喂养困难、表情呆滞，爸爸妈妈则要考虑宝宝是否患有脑部疾病或是先天性发育异常。

2 招招有效：护理口水宝宝的简单方法

　　别看流口水是小事，即使是生理性的流口水也要注意家庭的护理，因为宝宝流口水会常常打湿衣襟，容易感冒并诱发其他疾病。而病理性流口水，如脑炎后遗症、呆小症、面部神经麻痹等导致的唾液调节功能失调，则一定要及时采取相关疗法进行治疗。一般来说，宝宝若是生理性流口水，爸爸妈妈则可以采取简单的家庭护理方法对宝宝加以护理。

NO.1 少量多次喂水

爸爸妈妈应少量多次给宝宝喂水，这样可以保持宝宝口腔黏膜的湿润和口腔的清洁。

NO.3 定时清洗

由于宝宝口腔周围的皮肤十分娇嫩，爸爸妈妈每天要至少用清水给宝宝清洗 2 遍。这样可以让宝宝口腔周围的皮肤保持干燥、清爽，不易让宝宝因此而患上湿疹。

NO.4 饭前勤洗手

爸爸妈妈每次喂养宝宝之前，一定要注意洗手，防止将手上的病菌带入宝宝的口中而引发口腔感染。

NO.2 随时擦拭口水

注意随时用质地柔软、吸水性强的毛巾或手帕为宝宝擦去口水，动作一定要轻柔，切忌用粗糙的毛巾或手帕在宝宝嘴边擦来擦去，这样很容易让宝宝稚嫩的肌肤受伤，最好是轻轻地蘸去流在嘴边的口水。爸爸妈妈也应尽量避免用含香精的湿纸巾帮宝宝擦拭脸部，以免刺激皮肤。

NO.5 消毒工作要做好

爸爸妈妈一定要重视宝宝用具的卫生消毒工作，尤其是乳头、奶瓶、奶锅、杯、匙等器具的清洁消毒，一般清洗后煮沸消毒 20 分钟即可。

NO.6 清洗枕头

宝宝如果习惯趴着睡觉，口水会尽数流到枕头上，容易使里面滋生细菌，因此爸爸妈妈一定要经常清洗、晾晒、更换宝宝的枕头。

NO.7 注意饮食

爸爸妈妈要注意平时多让宝宝吃新鲜水果、蔬菜等食物，避免让宝宝吃巧克力、糖果等甜食，以帮助宝宝每天排便通畅。

NO.8 围嘴与口罩混着用

纱布做的口罩吸湿性较好，而且比较柔软，清洗起来比较方便，不足之处是样式不太好看。爸爸妈妈可以给宝宝买一些样式好看的围嘴，其材质选用柔软、略厚、吸水性强的布料为宜。在家的话，就给宝宝用纱布做的口罩，出门的话就换成围嘴。

最后需要提醒爸爸妈妈的是，如果宝宝口水流得特别严重，爸爸妈妈就要带宝宝去医院，让医生检查一下宝宝的口腔内部有无异常病症、吞咽功能是否正常等。

3 做好预防，让宝宝远离口水

即使是像宝宝流口水这样的"小事"也是可以预防的，具体方法如下：

1 **食物选择**：对于生理性的流口水，爸爸妈妈可以给宝宝买磨牙饼干，帮助宝宝长牙齿，减少流口水的情况。

2 **口腔卫生**：在日常生活中，注意保持宝宝的口腔卫生。如果宝宝口腔不卫生，易导致细菌的繁殖，牙缝和牙面上的食物残渣或糖类物质的积存，容易发生龋齿、牙周病等，这些不良因素的刺激可能造成宝宝流口水。妈妈可在喂完奶后，让宝宝喝些水或是用干净的纱布蘸盐水来帮宝宝进行口腔清洁。

3 **不良习惯**：注意不要让宝宝啃咬东西，如啃指甲、吐舌等，因为这样容易造成前牙畸形，导致流口水。

妈妈注意不要让自己或别人捏弄宝宝的脸颊，以免造成腮部腺体机械性损伤而流口水。

（八）腹泻：宝宝消化道出问题了

腹泻是婴幼儿最常见的消化道综合征，没有发生过腹泻的宝宝并不多见，此症在 6 ～ 11 月的宝宝中更为常见。

1 生理性腹泻与判别方法

所谓生理性腹泻并不是疾病，它和生理性溢乳、生理性贫血等是同样的概念。那么，如何判断宝宝出现的是生理性腹泻呢？爸爸妈妈可以根据以下几点做出判断：

1 腹泻次数每天不超过 8 次，每次大便量不多。

2 大便虽然不成形、较稀，但含水分并不多，成黏稠状。

3 大便没有特殊臭味、色黄，可有部分绿便，可含有奶瓣，尿量不少。

4 宝宝精神好，吃奶正常，不发热，无腹胀，无腹痛（腹痛的宝宝哭闹，肢体卷缩，臀部向后拱）。

5 体重正常增长。

6 大便常规正常或偶见白细胞、少量脂肪颗粒。

2 宝宝腹泻有原因

宝宝腹泻的主要原因是免疫力差，尤其是肠道的免疫功能差。刚离开母体的宝宝自身的抵抗力比较弱，当肠道受到感染时没有能力去战胜病毒，便很容易患上感染性腹泻。此外，下列因素也可以引发宝宝腹泻：

① 喂养
给宝宝喂食的奶粉过浓、奶粉不适合宝宝体质、奶液过凉、奶粉中加糖、过早添加米糊等淀粉类食物，都很容易导致新生儿积食，从而引起宝宝腹泻。吃了不干净的食物也会导致宝宝腹泻。

② 气候
气候突然变化，宝宝腹部受凉使肠蠕动增加或因天气过热使消化液分泌减少，都可诱发腹泻。

③ 体质
属于过敏体质的宝宝饮用牛奶或奶粉之后会因为牛奶或奶粉中的蛋白质过敏而腹泻。

④ 疾病
宝宝感冒了一般会伴随腹泻症状，肠道轮状病毒感染也会引起腹泻，甚至是中耳炎等呼吸道感染疾病都会引起腹泻。

爸爸妈妈要认真观察宝宝的病情，以便及早发现宝宝腹泻的病因，这样就可以早日对症施治。

3 巧妙护理，快速治愈宝宝腹泻

宝宝发生腹泻的时候，爸爸妈妈没必要太过惊慌。先要观察宝宝的症状，而不要急着求医问药。以前大多数用来治疗腹泻的药物，要么是毫无用处，要么对身体有潜在的危险，所以千万不要乱用。一般的腹泻，爸爸妈妈通过简单的家庭护理就可以治愈了。

NO.1 合理选择喂养食物

如果是纯母乳或纯配方奶喂养，添加辅食后出现腹泻情况，就应立即停止给宝宝添加辅食。如果妈妈母乳不足，给宝宝添加配方奶之后宝宝出现腹泻现象，爸爸妈妈可以考虑给宝宝选择其他品牌的配方奶。若仍然无效，可以减少配方奶的量，适当添加一些米粉。如果给宝宝添加米粉后，腹泻情况更为严重，爸爸妈妈应该立即停止给宝宝添加米粉，继续给宝宝添加配方奶。

NO.2 少食多餐，保证营养

腹泻期间一定要保证宝宝的营养。在此期间，爸爸妈妈应遵循少食多餐的原则，每天至少给宝宝进食6次。

NO.3 补充水分，防止脱水

宝宝发生腹泻时，爸爸妈妈要注意提供给宝宝充足的水分。如果宝宝不愿意喝水或吃东西，或者频繁腹泻，妈妈就应该给他服用一些特别的混合剂，比如含有葡萄糖和适量盐分的补水液。这些东西在市场上可以买到，或者通过医生处方在药店里也可以买到。

NO.4 观察宝宝大便巧应对

对于腹泻的宝宝，爸爸妈妈要认真观察宝宝的病情并记录下宝宝大便的次数、性状、颜色及量的多少等，这可以为医生制订治疗计划提供很好的依据。

1 **呈臭鸡蛋味：**这种情况多是由蛋白质消化不良而引起的，应适当减少蛋白质的摄入量。

2 **多泡沫，有酸臭味：**如果宝宝的大便多泡沫、有酸臭味，这可能是奶中加多了糖所引起的，爸爸妈妈应在奶中少加糖或是换一种含糖量较低的配方奶。

3 **有奶瓣：**若大便中有奶瓣，则往往是宝宝消化不良的表现，爸爸妈妈应多注意宝宝的饮食，注意减少奶量和食量，以减轻宝宝消化系统的负担。

4 **大便发绿：**若宝宝大便发绿，那是因为宝宝腹部受凉，肠蠕动增快，过多的胆汁进入大便而造成的。出现这种情况时，爸爸妈妈应注意让宝宝腹部不要受凉，晚上注意给宝宝盖被子。

5 **呈水样或含脓血：**如果宝宝的大便呈水样（似蛋花汤样、水便分离）或含脓血，则多因为病毒或细菌感染而引起，需在医生的指导下治疗。

NO.5 呵护宝宝的小屁股

腹泻过多的话，宝宝的小屁股就会受到污染，同时腹泻时的粪便对宝宝娇嫩的皮肤刺激较大，如果不注意清洁就容易引起臀部溃烂。因此，宝宝每次排便后，妈妈都要用温水洗洗宝宝的小屁股。尿布最好用柔软清洁的棉尿布，且要勤换洗，以免发生红臀及尿路感染。如果小屁屁发红了，应将它暴露在空气中自然干燥，然后涂抹一些尿布疹膏，宝宝的红臀现象很快就会消失的。

NO.6 注意宝宝用品的消毒卫生

爸爸妈妈还应注意宝宝用品的消毒卫生，宝宝的玩具、儿童车、奶瓶、橡皮奶嘴、餐具等要及时地进行消毒，宝宝的衣物、被子要勤洗勤晒。

NO.7 按摩保暖宝宝腹部

宝宝发生腹泻时，经常会因为肠道痉挛而引发肚子疼，这时，爸爸妈妈应当注意对宝宝腹部的保暖，可以有效缓解肠道痉挛，达到减轻疼痛的目的。爸爸妈妈还可以适当地对宝宝的腹部进行按摩，也可以达到缓解疼痛的目的。

5 宝宝的 "早教课堂" 开课了……

（一）益智亲子游戏

在这 3 个月，随着宝宝各种感觉器官的成熟，宝宝对外界刺激的反应日益增多，爸爸妈妈一定要抓住宝宝智能教育的黄金时期，多和宝宝做一些益智亲子的小游戏，让宝宝快乐长大。

够取玩具

训练宝宝的视觉和够物能力

从这个月起，宝宝的视线可以随着物体而移动了。妈妈可以和宝宝一起玩够取玩具的游戏，游戏方法为：

①宝宝仰卧。用绳子在宝宝眼前系一个晃动的玩具，将其放在宝宝触手可及之处。

②宝宝看到玩具就会伸手去摸，当宝宝够到球后，妈妈别忘了夸奖宝宝哦。

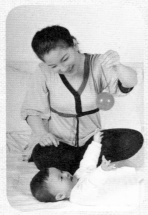

③待宝宝摸到后，妈妈再将玩具稍微拿远一些。

④宝宝便会继续努力去够。当宝宝经过多次努力后，让宝宝够住玩具。这时，妈妈可别忘记夸奖宝宝。

认物训练

发展宝宝动作的目的性

在这个月里，爸爸妈妈可以和宝宝一起来做认物训练。在和宝宝做此游戏时，爸爸或妈妈可以抱着宝宝站在台灯前。爸爸妈妈用这种方法教会宝宝认识了第一种物品之后，就可以逐渐教宝宝认识家中的门、窗、桌子、椅子、花等物。以后随着宝宝一天天成长，宝宝就学会用手指认物品了。认物训练可以让宝宝将语言和物品联系起来，并有助于发展宝宝动作的目的性。

 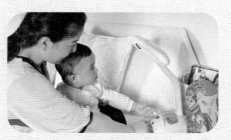

①用手拧开台灯的开关，对宝宝说："灯。"刚开始，宝宝可能不会注意台灯，这时妈妈无须心急。

②经过多次开关后，宝宝就会发现光一亮一灭，眼睛就会转向台灯。渐渐地，当妈妈说起"灯"时，宝宝便会快速找到目标。

语言训练

辅音练习

这个月，宝宝已经开始学会发一些单音了，爸爸妈妈可以在此基础上教宝宝发一些简单的辅音，如 ma-ma、ba-ba、ya-ya、wa-wa 等。在宝宝模仿发音的时候，妈妈还可以指着声音所对应的人或物，如说到 ma-ma 时，可以指着自己；说到 ba-ba 时，可以指着爸爸；说到 ya-ya 时，可以指着玩具鸭子……这样有助于宝宝更快地学会发音，同时，还能提高宝宝的认知能力。

抬腿踢球游戏
促进宝宝左右脑发育

　　妈妈可以和宝宝一起做抬腿踢球游戏:用线将气球挂在宝宝床上方,高度为宝宝抬起脚时刚好能碰到。妈妈轻轻抓住宝宝的一只小脚丫,抬起踢一下气球。当宝宝踢到球后,妈妈要亲吻宝宝以给予鼓励。接下来,妈妈可以让宝宝左右脚轮流踢球,或抓住宝宝两只小脚丫一同踢球。

　　这个游戏可以促进宝宝的腿部发育,同时,还可以促进宝宝左右脑发育。

顶鼻子
增强宝宝和妈妈的亲密感

　　这个月里,妈妈还可以和宝宝一起做顶鼻子的游戏,游戏方法如下:

　　①妈妈抱着宝宝,视线与之相对,问:"宝宝的鼻子呢?"然后妈妈用手指轻摸宝宝的鼻子,说:"啊哈,宝宝的小鼻子在这儿呢!"

　　②等宝宝感觉到妈妈的触摸之后,妈妈适时地问宝宝:"妈妈的鼻子呢?"然后拿起宝宝的小手,触摸妈妈的鼻子,并同时告诉宝宝:"妈妈的鼻子在这儿!"

　　③轻轻地和宝宝的鼻子碰触一下,轻声地和宝宝耳语:"啊哈哈,顶鼻子。"

　　这个游戏有助于宝宝认识五官,增加宝宝与妈妈的亲密感。

159

（二）适合4～6个月宝宝的体能训练

这个阶段的宝宝可以适当做一些训练宝宝手部能力的游戏。需要提醒的是，这些训练是持续的，这个月可以给宝宝做这些训练游戏，下个月依然可以。但需要注意的是，务必要在宝宝处于轻松愉快的状态下做这些游戏。如违背宝宝的意愿强行进行，这些游戏就会失去意义，自然也难以达到预期的效果。

手指游戏

拍蛋糕

"拍蛋糕，拍蛋糕，面包师傅，帮我烤蛋糕，能有多快就多快。拍一拍，揉一揉，上面还要写个'糕'。放进烤箱烤一烤，宝宝和我一起吃蛋糕！"唱着欢快的歌曲，按照下列方法来做手指的游戏吧。

①妈妈让宝宝靠坐在自己怀中，用双手各抓住宝宝的一只手。

②妈妈一边唱上面这首歌，一边将宝宝的双手配合着歌曲打着拍子。

③经过一段时间的练习，宝宝便会露出开心的笑容，并喜欢上这个游戏。

手指游戏可以刺激宝宝去握、看和抓紧他的双手，在这个月里，爸爸妈妈可以和宝宝经常做这个游戏。

亲子来玩拉大锯

有效锻炼宝宝上肢肌肉

妈妈可以和宝宝一起玩拉大锯的游戏，边做边唱："拉大锯，扯大锯，外婆家，唱大戏。妈妈去，爸爸去，小宝宝，也要去。"游戏方法如下：

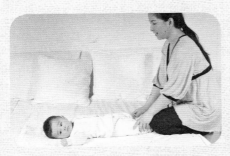

①让宝宝仰卧在床上，妈妈跪坐在宝宝脚前。

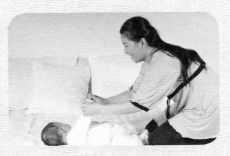

②让宝宝的两只小手各握住妈妈的一个拇指。

③妈妈握住宝宝的手慢慢提起，还可边唱童谣。

④借助妈妈的力量，宝宝便可以坐起啦。

妈妈和宝宝一起玩拉大锯这个游戏，可以锻炼宝宝的上肢及肩部、胸部肌肉，同时还可以培养宝宝的语言视听能力。

擀面杖游戏

锻炼宝宝的肢体动作

在这个月，爸爸妈妈可以和宝宝一起来玩擀面杖的游戏，游戏方法为：让宝宝躺在地毯上或是床上，爸爸或妈妈轻柔地将宝宝左右来回滚动，并和宝宝说："宝宝，我们要擀面啦。"在滚动的过程中，宝  宝会感到十分快乐。这个游戏可以使宝宝的肢体动作得到很好的锻炼。

下蹲起跳

提高宝宝腿部屈伸能力

妈妈可以和宝宝一起做下蹲起跳的游戏，游戏方法如下：

①托住宝宝腋下使之站立，然后发出蹲下口令，并稍稍下压让宝宝蹲下。

②接着发出跳的口令，并扶住宝宝腾空跳起。

这个游戏是匍匐爬行的一个重要辅助练习，对提高宝宝腿部屈伸能力很有帮助。

靠坐练习

帮助宝宝学会独坐

在适当的时候让宝宝独立坐起来，可以促进宝宝的心理发展。但这里所说的"适当"并不是由宝宝的月龄来决定的，而是以宝宝的翻身能力而定的。当宝宝可以左右两个方向自如地翻身之后，爸妈就可以训练宝宝独坐了。在训练的时候，应从靠坐逐步过渡到独坐，方法如下：

①将宝宝放在有扶手的沙发上，让宝宝靠坐着玩耍。

②然后慢慢减少他身后靠的东西，使宝宝仅有一点支持即可坐住。

蹬车游戏

发展宝宝的肢体运动能力

妈妈给宝宝换完尿布或洗完澡后，如果宝宝心情很不错，妈妈就可以和宝宝一起做蹬车游戏。游戏方法如下：

①让宝宝仰卧，妈妈用双手轻轻抓住宝宝的小脚丫。

②接下来，妈妈要让宝宝的脚像蹬自行车一样活动，并给予鼓励。

这个游戏可以发展宝宝的肢体运动能力，提高宝宝的运动智能。

163

Chapter 4

7～9月：学独坐，学爬行

这个月我已经爬行得非常顺溜，
只要是在地上的玩具，我就能轻易地拿到。
可是，妈妈为何老是把我心爱的玩具放在凳子上，
我只好尝试着扶着凳子站起来，
这对我来说，可是从未有过的尝试。
妈妈说这是在训练我学习站立。
另外，我发现一件很好玩的事情——爬行，
还有其他有趣的事情，我都想试一试。
妈妈要抓住我的这种好奇心及时地训练我的动作能力。

① 宝宝的成长发育大事 ·········

（一）宝宝不同月份的身体发育指标

7～9个月的宝宝在外人眼中，虽不是个小胖，但绝对不瘦。但奶奶却认为宝宝不够胖。即使解释说"宝宝身上的肉比较结实"，但老人依旧将信将疑。既然如此，那就用数据说话吧，和妈妈一起来看看7～9个月宝宝每个月的身体发育指标。

表4-1：7月份宝宝身体发育指标

出生时	男宝宝	女宝宝
身 高	平均70.1厘米（65.5～74.7厘米）	平均68.4厘米（43.6～73.2厘米）
体 重	平均8.8千克（6.9～10.7千克）	平均8.2千克（6.4～10.0千克）
头 围	平均45.0厘米（42.4～47.6厘米）	平均43.8厘米（42.2～45.4厘米）
胸 围	平均44.9厘米（40.7～49.1厘米）	平均43.7厘米（39.7～47.7厘米）

表4-2：8月份宝宝发育指标

出生时	男宝宝	女宝宝
身 高	平均71.5厘米（66.5～76.5厘米）	平均70.0厘米（65.4～74.6厘米）
体 重	平均9.1千克（7.2～11.0千克）	平均8.5千克（6.7～10.3千克）
头 围	平均45.1厘米（42.5～47.7厘米）	平均44.2厘米（41.5～46.9厘米）
胸 围	平均45.2厘米（41.0～49.4厘米）	平均44.1厘米（40.1～48.1厘米）

表4-3：9月份宝宝发育指标

出生时	男宝宝	女宝宝
身 高	平均72.7厘米（67.9～77.5厘米）	平均71.3厘米（66.5～76.1厘米）
体 重	平均9.3千克（7.2～11.4千克）	平均8.7千克（6.7～10.7千克）
头 围	平均45.5厘米（43.1～47.9厘米）	平均44.5厘米（42.1～46.9厘米）
胸 围	平均45.6厘米（41.6～49.6厘米）	平均44.4厘米（40.4～48.4厘米）

（二）宝宝成长备忘录

现在，宝宝已过半岁啦。从学会抬头，到学会翻身，再到如今学会独坐，宝宝的每一步成长都令妈妈感到无比欣慰和自豪。每个月，妈妈都会记下宝宝的成长大事。在这个月里，宝宝又会有什么"成长的故事"载入妈妈的育儿日记呢？

1 身体发育出现平缓

这个时期的宝宝，身体发育开始趋于平缓，但总体还是在逐步增长。在这个月里，宝宝的身高平均增长2厘米，但这只是平均值，实际可能会有较大的差异。因为宝宝身高增长有时也会像芝麻开花一样，一节一节的，这个月没怎么长，下个月却长得很快。爸爸妈妈要动态观察宝宝的生长。与身高相比，宝宝体重波动不大——平均增长450～750克。此外，头围平均增长1厘米。

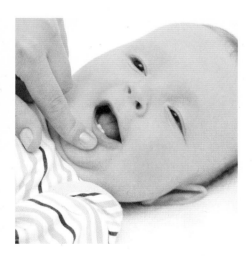

2 宝宝的"萌牙齿"又长出1颗

在这个月里，宝宝的牙齿又长出了1颗，这可真让妈妈高兴。现在，宝宝可以吃到更多美味的食物啦。

这个月里，许多宝宝下面的2颗门牙都露出来了，但也有的宝宝要到快1岁才开始长牙。出牙期间，宝宝的口水更多，牙床会发痒，抓住什么咬什么，妈妈可以给宝宝磨牙棒或者硬的水果让他放在口中咀嚼。

3 宝宝情感表达越来越丰富多彩了

这个月里，宝宝的情感变得越来越丰富了，如果妈妈将她手中的玩具拿走，她就会撇起小嘴；若是妈妈不将玩具还给她，她就会放声大哭。

在这个月里，宝宝的高兴或不高兴都会"写"在脸上，爸爸妈妈可以通过观察宝宝的表情或眼神，来判断宝宝是要玩、要吃还是拉或者睡。见到陌生人的时候，宝宝的双眼还会一眨不眨地盯着陌生人，或者会表现出不快乐，还可能把脸和身体转向亲人。

4 宝宝能坐稳，开始练爬行

现在，宝宝的脊背已经能够挺得直直的，他的坐姿也变得越来越规范，坐得也越来越久、越来越稳，再也不会像以前那样东倒西歪了。

在这个月里，宝宝坐的能力有了很大的提高，他的坐姿变得越来越稳当，还可以从趴着的姿势转变成坐姿。有时，宝宝会趴着转圈，找自己的小脚。

这个月，小宝宝还会开始练习爬行，其爬行动作会变得慢慢很有章法：两只小手在前面撑着，小腿在后面使劲蹬，而且还能用胳膊做支点转圈或后退。当你拉宝宝站起来的时候，宝宝还会自己用力，平衡能力也越来越强。

5 开始能听懂大人的话了

以前处于懵懂状态的宝宝，到本月混沌初开，能听懂大人说的一些话了。如果宝宝特别喜欢到户外去，当妈妈抱起他说"我们到外头玩去"，他会用小手指着大门，脸上露出开心的笑容。这个时候不妨多跟宝宝交流吧，宝宝虽然不能说，但他已经开始明白你说的话了。

6 宝宝的个性表现开始明显

这个月宝宝对待玩具、对待父母和对待生人的态度，跟宝宝的个性有着很大的关系。有的宝宝个性胆小，特别黏父母，遇到陌生人会害怕；有的宝宝却能跟任何生人在短时间内熟悉起来。以后，宝宝之间的性格差异会越来越明显。

7 食指和拇指还能同时活动

以往，宝宝拿东西都是用手抓或捧，到本月，宝宝能用食指和拇指捏住小东西，初步掌握了动作的技巧——运用手指间的配合。现在，宝宝也学会同时用双手拿东西了，会双手配合着玩耍了。

8 会选择性地去看

这个阶段，宝宝不再是有什么看什么，而是有选择性地看。飞的鸟儿、奔驰的汽车等动的物体会成为本月宝宝喜欢看的东西。

9 宝宝不再"听之任之"了

8个月的宝宝已经有了自己的想法，他不再"任人摆布"了。当他不喜欢吃某种食物的时候，就会用手推开，有时还会左右晃脑袋躲闪，即便喂到嘴里也会吐出来。当他想要一个玩具的时候，如果爸爸妈妈给了他另一个，宝宝就不会像从前那样默默地接受，而是会固执地再次伸出自己的小手，指着自己想要的玩具，直到爸爸妈妈将玩具拿给他为止。

10 牙齿没几颗，宝宝却爱啃东西

这个时期的宝宝，牙齿已经萌出几颗，因此特别喜欢啃东西，基本上是遇到东西就喜欢往嘴里送咬。玩具、奶瓶甚至妈妈的肩膀和乳头，都会成为宝宝的啃咬对象。因此，妈妈要将宝宝啃咬的玩具擦洗干净，哺乳时期的妈妈要注意护理好自己的乳房。

11 宝宝认知能力加强了

本月的宝宝认知能力更强了。如果妈妈经常抱着宝宝在镜子面前认五官，以发问的形式如"宝宝的鼻子在哪里"问宝宝，宝宝会很快用小手指出来。在做游戏的时候，宝宝能找出他平常最喜欢玩的玩具。这个月，爸爸妈妈要多跟宝宝玩游戏，增加宝宝的认知能力。

12 宝宝开始发些简单音节

本月宝宝开始发一些简单的音节，如baba、mama等。相对之前的无意识发音，此时就有了意识的参与，爸爸妈妈要抓住时机引导宝宝学说话。此外，宝宝还可以听懂爸爸妈妈的一些简单语言，并将语言和实际物体联系起来，爸爸妈妈可趁机让宝宝认识更多的事物。

13 宝宝开始会听了

这个月的宝宝对话语及短语很感兴趣，他们不但可以听懂爸爸妈妈的部分话语，而且还能在爸爸妈妈的教导下做一些动作了，如小手挥挥再见。宝宝不但能做还能明白其中的含义。如果客人告辞，有可能你还没发出指令，宝宝已经将小手挥上了。宝宝这么机灵，真是越来越惹人喜欢。

② 宝宝的日常护理问题 ········

（一）可以让宝宝乖乖吃药的秘密

这个月里，宝宝的抵抗力急速下降，极其容易生病，给宝宝喂药则成了爸妈的梦魇。有时候，爸妈在对宝宝采取一系列如按头、捏鼻子等强硬措施以后，宝宝仍然不肯，不管怎样反正就是不肯吃药。爸爸妈妈喂药喂得手足无措，宝宝却是开始哭声大响，百般抗拒。

给宝宝吃药显然已经成了一个持续战斗的过程。很多爸爸妈妈经历过给宝宝喂药的艰辛后，都会祈祷：宝宝，你可不可以不要生病了。宝宝不生病？这个可能吗？答案当然是不可能！这意味着宝宝生病的时候，爸爸妈妈还是得乖乖给宝宝喂药。

在给宝宝喂药的时候，只要掌握一些方法和技巧，喂药就会变得无比轻松。

1 借用辅助工具，让宝宝乖乖吃药

爸爸妈妈如果能有效地使用喂药的辅助工具，就可以让喂药过程变得更加顺利。下面，就一起来看看这些让宝宝乖乖吃药的"工具"吧。

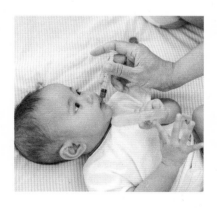

汤匙：适合新生儿宝宝。

针筒或滴管：对尚未学会吞咽的宝宝来说最为适合。

甜点诱惑：对于 6 个月以上的宝宝，可以准备小零食作为宝宝吃药后的奖励。

2 喂药前准备，能让小宝宝乖乖吃药

想要轻松给宝宝喂药，就一定要做好喂药前的准备。一般来说，爸爸妈妈在喂药前需要做好下面的准备事项：

1 准备好要喂的药物，再次仔细看一遍说明书，检查药盒上的名字、日期，核对一下药量，重新看一下药物是要饭前吃还是饭后吃。如果存有疑问应该向开药医师咨询，以确保安全。

2 给宝宝戴好围嘴，并且在旁边准备毛巾，以便药物溢出的时候就能及时擦拭。

③ 清洗好喂药所需的辅助工具，并放置在药物旁边。

④ 喂药者需要用洗手液洗净双手。

⑤ 准备一些白开水。

做好以上准备工作之后，爸爸妈妈就可以开始给宝宝喂药啦。

3 饭前还是饭后，喂药时间的选择很重要

爸爸妈妈要选择饭前 0.5～1 小时这段时间给宝宝喂药，此时宝宝的胃内已排空，有利宝宝对药物的吸收，并且能有效避免宝宝服药后呕吐。需要提醒爸爸妈妈的是，一些对胃部有强烈刺激作用的药物，如阿司匹林、扑热息痛等，需要在宝宝饭后 1 小时左右服用，可以有效防止宝宝胃黏膜受到损伤。

4 掌握喂药步骤，效果更佳

现在，就要进入给宝宝喂药这最关键也最让爸爸妈妈头疼的环节。究竟要怎样给宝宝喂药呢？顺利给宝宝喂药有什么小绝招呢？别急，下面就一一为您揭秘。

NO.1 喂药水类药物的方法

给宝宝喂药水类药物的时候，妈妈可以按照以下这样做：

☑ 妈妈采取坐姿，让宝宝半躺在妈妈的手臂上面，妈妈用手指轻轻按住宝宝的下巴，让宝宝张开小嘴，对宝宝说："宝宝，喝甜水啦"，这样做可以转移宝宝的注意力。

☑ 用滴管或针筒式取少量药液，把药液慢慢送入宝宝口中。一般来说，在药液进入宝宝口中的时候，宝宝都会开始反抗，这个时候，妈妈要注意鼓励宝宝。

☑ 轻轻抬宝宝下颌，帮助宝宝吞咽药液。

☑ 所有药液都喂完以后，再用小勺加喂几勺白开水，对宝宝说："宝宝喝点儿水就不苦啦"。

NO.2 喂片剂类药物的方法

给宝宝喂片剂类药物时，妈妈可以这样做：

☑ 将药片碾碎，并捣成散粉状。

☑ 取适量粉末倒在小勺上，并在药粉上撒少许糖，可以把药粉的味道遮盖住。

☑ 让宝宝张开小嘴，将药粉直接倒入宝宝口中。这个时候，大多数宝宝都会反抗，妈妈要想办法转移宝宝的注意力，告诉宝宝：可以喝甜水啦。

☑ 让宝宝吮吸装有适量白开水的奶瓶，以帮助宝宝更快吞下药粉。当宝宝喝过水之后，才发现妈妈刚才所谓的"甜水"是骗自己的，便会将奶瓶推走，妈妈这个时候还要夸奖宝宝。

☑ 给宝宝吃块小饼干，以减少药粉在宝宝嘴里留下的苦味。

在给宝宝喂药的过程中，爸爸也可以参与进来，可以找一个宝宝比较感兴趣的玩具，分散宝宝的注意力，夸奖宝宝。听到爸爸的夸奖，小家伙就会变得很开心，吃药就会变得更顺利啦。

5 喂药以后，细心照顾

爸爸妈妈掌握以上所述的喂药秘诀之后，再给宝宝喂药就会变得轻松很多。爸爸妈妈是不是正偷着乐呢？先别高兴太早，给宝宝喂药以后，爸爸妈妈还需要给宝宝做以下护理，现在快来看看。

NO.1 喂给宝宝一点温开水

温开水可以把残留在宝宝口腔内及食管壁上的药物冲洗掉，有助于清除口腔药味，避免食管黏膜受损。如果宝宝吃的是磺胺类药，爸爸妈妈更应该让宝宝多喝一些水，以防止宝宝肾功能受损。

NO.2 喂药之后抱宝宝有方法

给宝宝喂完药以后，爸爸妈妈应该把宝宝竖直抱起来，轻轻拍打宝宝的背部，这样有助于排出宝宝胃部的空气，避免宝宝由于哭闹而吞入较多的空气将药液一起吐出来。

NO.3 服药以后需要仔细观察

有些感冒药有可能导致心跳加快的副作用，因此，爸爸妈妈在给宝宝服药以后一定要小心观察。

NO.4 感觉不适应立即停药

有些宝宝体质过敏，在服用退热、止痛药或抗癫痫药物后会有过敏反应。因此，在喂药后要留心观察宝宝是否出现不良反应。若有，就要立即停药，并咨询医生。

6 喂药时爸妈最容易犯的错误

宝宝有病，当然要给他吃药啦！但是很多爸爸妈妈在给宝宝喂药这件事上却显得不够"知情"，经常是犯错而自己却不知道。

错误1 不吃药就强行灌药

有些宝宝看到爸爸妈妈要给自己喂药就开始哭闹，一些爸爸妈妈为省事便捏着宝宝的鼻子，强行将药物灌入宝宝嘴中，这么做会迫使宝宝用口腔代替鼻腔进行呼吸，把药物倒入宝宝嘴里后，来不及吞咽，药物可能会随着吸入的气体进入气管。若药物进到气管，轻则刺激到呼吸道黏膜，引发阵发性呛咳和气喘；重则导致气管阻塞，造成宝宝窒息。

另外，爸爸妈妈强行喂药还会导致宝宝产生恐惧，造成心理阴影，以后再给宝宝喂药就会变得困难。宝宝哭闹时，爸爸妈妈要学会哄宝宝，用玩具转移宝宝的注意力，等宝宝安静下来再喂药。

错误2 一次喂药量过多

不要觉得给宝宝喂药花不少时间便把大量的药一次喂完。假设宝宝一次需要服1袋冲剂，如果拿勺子把药溶解后一次性服下，会引起宝宝的呕吐反射。

给宝宝喂药时，爸爸妈妈应该根据宝宝的口腔大小和需要，把药物分成几份，一次次地慢慢喂下。若药物一次喂的量过大，会引起宝宝抗拒服用药物。

错误3 用普通汤匙喂药

有些爸爸妈妈喂药水时为省事，会用普通汤匙代替专门为婴幼儿设计的试管形药匙。普通汤匙不容易掌握药量，而药量会影响疗效，因此喂药时最好使用试管形药匙。

（二）学会给宝宝使用安抚物

妈妈发现，宝宝现在有了一个新伙伴，那就是安抚奶嘴。宝宝每天都会含着安抚奶嘴，睡觉时含着，玩乐时含着，真是一刻都离不开。妈妈一将安抚奶嘴从宝宝嘴中拿走，宝宝就会大哭起来。安抚奶嘴虽省掉妈妈不少心，但是，宝宝每天含着安抚奶嘴会对她的健康有害吗？妈妈还是真的有些担心啊。

1 爱上安抚物的秘诀

喜欢安抚物是宝宝逐步走向独立的一种常见表现。6个月的时候，宝宝的自我独立意识渐渐明确，他开始表露出一定的本能——坚持和爸爸妈妈的身体保持一定的距离，坚持自己做事情的权利，并且开始意识到独立对自身的重要性。

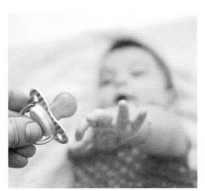

那么，宝宝独立意识的觉醒和他爱上安抚物存在什么关系呢？我们知道，每个人都会有不开心的时候，宝宝也不例外。当他们出现不开心的时候，他就会希望回到妈妈的幸福怀抱中。可是，宝宝又不愿意放弃自己的独立，于是，宝宝就利用安抚物来缓解自己内心的恐惧情绪，找回往日的安全感。

2 安抚物虽好，但使用仍需要恰当

安抚物虽好，但是宝宝使用安抚物时应该注意以下几点：

NO.1 重视妈妈的安抚

即便有了安抚物，妈妈仍需和宝宝有充分的肌肤接触。宝宝睡觉时，妈妈要多抚摸宝宝的身体，以便加深双方感情，也可减轻其对安抚物的依赖。

NO.2 注意安抚物的卫生

有些宝宝很喜欢安抚物，睡觉时还含着安抚奶嘴。若宝宝每天接触的安抚物不卫生，会危害其健康。因此要常洗手，安抚物也要消毒。

NO.3 打造和谐的家庭氛围

安抚物可以带来快乐，但宝宝过度依恋安抚物会影响其成长及心理健康。爸爸妈妈要注意建立温馨和谐的家庭氛围，多跟宝宝做游戏，多逗宝宝，让宝宝幸福快乐。

（三）宝宝认生：好事还是坏事？

一些妈妈会发现，之前宝宝对看到的每个人都会露出甜美的笑容，成为人见人爱的宝宝，但是，忽然有一天，宝宝的脾气却变得很大，也不再喜欢上街。抱着宝宝出去的时候，宝宝总是喜欢将脸藏在妈妈怀中；遇到陌生人他不再微笑，有时候还会撇着嘴"哇"地一声大哭起来，更加不要提让陌生人抱抱。这个也让妈妈十分纳闷：宝宝到底是怎么了，是生病了吗？不，宝宝这是认生了。

1 宝宝认生不要太奇怪

大多数的宝宝都会要经历"认生期"。有的宝宝认生的程度比较轻，而有的宝宝就会非常严重。宝宝认生是宝宝的社会性发展到一定程度的表现，是宝宝感知、辨别、记忆能力、情绪和人际关系得到发展的体现。

我们知道，宝宝在三四个月大的时候就能认出妈妈了，只要妈妈走近宝宝，他就会朝着妈妈笑。这个时候的宝宝对任何事物都会感到好奇，并且不会认生，他们见到陌生人也会给以微笑。

5个月的宝宝自我认识和活动范围不断扩大，识别能力也在不断增强，此时已经可以区别爸爸妈妈和其他人，见到陌生人会"警惕"。

6个多月的宝宝已开始有了认生的情绪，对妈妈表现出一种强烈的依赖感。出于自我保护的目的，这个阶段的宝宝对陌生人和陌生环境都会表现出十分抗拒的反应，如哭闹、回避等。

8~12个月的宝宝认生的程度达到了高峰，之后随着宝宝一天天长大，宝宝认生的现象会逐渐减弱直至消失。

2 宝宝认生有原因

并不是所有的宝宝都会出现认生这一现象，那么，引起宝宝认生的原因究竟有哪些呢？

NO.1 妈妈和宝宝生活的环境

妈妈和宝宝生活的环境就会导致宝宝认生。如果妈妈不经常把宝宝带出去玩，而是整天都是和宝宝待在家里，这样就使得宝宝的生活空间变小，一看到陌生人就会表现得十分胆小，从而产生一系列"认生"反应。

NO.2 经常都是由一个人带着的宝宝

宝宝经常只由一个人带着，这样就使得宝宝每天只和这一个人打交道，很容易就会对他人产生排斥心理。

NO.3 害怕有着某种特征的人

宝宝对有某种特征的人产生恐惧心理，从而产生认生现象。如果平时妈妈不戴眼镜，有一天忽然戴了一副眼镜，宝宝就会感觉有点不习惯。宝宝见到和自己最亲近的妈妈是这样，如果见到戴眼镜或是有其他特征的陌生人产生认生现象就是再自然不过的事了。

3 妈妈掌握方法，宝宝不"认生"

宝宝认生是一种自我保护能力的体现，这个对宝宝的成长有一定的积极意义。有些妈妈因此就认为可以对宝宝认生置之事外，殊不知，宝宝认生也在一定程度上妨碍宝宝与外界的人际沟通，如果不引起重视，可能对宝宝以后的成长和心理健康十分不利。接下来就告诉妈妈几个小妙招，帮助宝宝好好地度过"认生期"。

NO.1 多带宝宝出去走走

妈妈一定要多带宝宝出去走走，经常去人比较多的地方，可以扩大宝宝的接触圈子，渐渐养成适应陌生环境的能力。

NO.3 宝宝都爱小宝宝

宝宝的天性就是喜欢和小宝宝在一起，妈妈带宝宝出去玩时，可以让宝宝学着多与其他小宝宝打招呼、一起玩。时间久了，就不会再害怕其他陌生人。

NO.2 开启多接触陌生人的模式

有些宝宝整天只会让妈妈一个人抱，别的人一抱就会哭闹。出现这种现象，是因为宝宝每天只看到妈妈，接触的人太少。妈妈可以试着带宝宝多接触身边比较熟悉的亲人，如爸爸、爷爷、奶奶、姥姥、姥爷等，之后再逐步让宝宝接触更多陌生人，如邻居等，让宝宝渐渐养成和陌生人交往的能力。

（四）打疫苗：让宝宝切断疾病源泉

6个月龄的宝宝从母体内所获得的抵御传染病的能力正在逐渐减弱直到消失，而宝宝自身合成抗体的能力还是很差，容易感染各种传染病。

这个时候，就需要给宝宝注射疫苗。

1 有计划性免疫：保护宝宝身体健康才是重点

计划免疫是指为了保护宝宝的身体健康，按照规定的科学免疫程序，有计划地为宝宝接种疫苗，达到控制以至最终消灭相应传染病的目的。对此，爸爸妈妈一定要高度重视，按照免疫程序全程为宝宝进行接种，主动配合医务人员完成疫苗接种工作，让宝宝获得牢固的免疫力。

2 护理疫苗期的宝宝

宝宝接种疫苗前后，一定要注意对宝宝的护理。

NO.1 疫苗接种前的护理

一般在宝宝接种疫苗之前，爸爸妈妈应该给宝宝提供平衡的膳食，特别注意不要让宝宝在疫苗接种前一周感冒，在这一周里也不能给宝宝使用抗生素。

NO.2 在给宝宝接种疫苗之后，爸爸妈妈又要怎样护理宝宝呢？

◆观察：给宝宝接种疫苗以后，应该带宝宝在接种地点观察 15 ~ 30 分钟再回去。

◆休息：一定要让宝宝好好休息一下，切忌让宝宝再做剧烈的运动。

◆饮食：切记不要吃刺激性食物，如辣椒、葱、姜、蒜等；鸡蛋、海产品也要尽量少吃。

◆洗浴：接种部位 24 小时内应该保持干燥和清洁，最好不要给宝宝洗澡。

◆注意接种反应：有的宝宝在接种疫苗后会发生"接种反应"，如接种部位发红、轻微发热、精神不振、厌食等，这些反应并不十分严重，24 小时之后就会自然消失，爸爸妈妈没有必要担心，也不要进行特殊护理，注意适当保护即可；但如果宝宝出现持续发热等现象，就应该尽快带宝宝去医院进行诊治，并向接种单位进行报告。

（五）便盆锻炼：养成良好的排便习惯

宝宝4个月的时候，妈妈就开始训练宝宝把尿，那时候宝宝十分配合，一把就尿。最近宝宝也不知道是怎么啦，给他把尿他就打挺，不肯尿。可是一把他放到床上，他立马就尿起来，真是有点惹人生气。爸爸妈妈这个时候应该怎么办呢？

这个月宝宝已经可以坐得很稳了，即便爸爸妈妈放开手也没有问题。因此，从这个月起，爸爸妈妈应对宝宝开展便盆训练了。每天定时让宝宝坐在便盆上排便，时间长了，宝宝便会养成良好的排便习惯。下面来看看训练宝宝坐便盆的方法吧。

1 观察宝宝排便的规律，推测宝宝排便时间

爸爸妈妈首先要掌握宝宝的排便规律，知道宝宝何时排便。每当到了这个时间，爸爸妈妈就要引起高度注意，如果发现宝宝出现脸红、瞪眼等神态，就应该立即将宝宝抱到便盆前，利用条件反射，宝宝不久就便会产生便意。

2 选对便盆，让排便变得舒适

训练宝宝排便一定要选择合适的便盆，这样才更加有助于宝宝养成排便的好习惯。

NO.1 便盆材质要合适

宝宝的坐便盆最好选择塑料材质的，并且盆边也要宽而光滑，这种便盆一年四季都可以选用。搪瓷便盆最好不要冬天使用，因为一到冬天，搪瓷便盆就会变得很凉，这样会让宝宝的小屁股很难受，宝宝就会不愿意坐了。

NO.2 便盆高度要合适

爸爸妈妈还要根据宝宝的身高情况来调整便盆的高低度，如果便盆过低，可以在便盆的底部垫上一些东西。

3 宝宝开始熟悉便盆，消除对便盆的惧怕

有些宝宝不喜欢用便盆，看到就会害怕，这可能是因为宝宝还没有熟悉便盆的用法以及功能。妈妈可以把便盆放在马桶旁，宝宝便便时，就可以告诉宝宝："宝宝现在还小，还不能坐在马桶上面。妈妈给宝宝先准备一个便盆，宝宝可以坐在上边自己便便。等宝宝长大一点，就可以跟大人一样坐马桶。"时间久了，宝宝就会开始明白自己使用便盆和大人使用马桶一样，是一种自然而然的事情。

4 宝宝便便，爸爸妈妈都来帮忙

一开始的时候，宝宝在便盆上还坐得还不稳，这时就需要爸爸妈妈在一旁帮忙。爸爸妈妈可以在一旁扶着宝宝，并渐渐增加每次的练习时间——从开始的每次 2 ～ 3 分钟，渐渐增加到 5 ～ 10 分钟，注意时间不要过长，以免宝宝脱肛。如果宝宝没有成功便便，爸爸妈妈可以让宝宝先起来活动一会，等一下再训练宝宝坐便盆。

5 给予适当宝宝鼓励，加强宝宝的排便动机

当宝宝坐到便盆上以后，妈妈要学会及时鼓励宝宝。如果发现宝宝有排便的表情时，爸爸妈妈要给予宝宝称赞，加强宝宝的动机。一旦宝宝顺利完成之后，爸爸妈妈也要适当给予宝宝鼓励，可以夸宝宝："宝宝很不错，已经学会自己便便了。"

6 便便完成，屁股要擦干净

宝宝顺利排便后，爸爸妈妈应该立即将宝宝的屁股擦干净，并且用流动的清水给宝宝洗手，这样能有效减少细菌感染。每天晚上还应该给宝宝清洗小屁股，以保证宝宝臀部和外生殖器的干净。

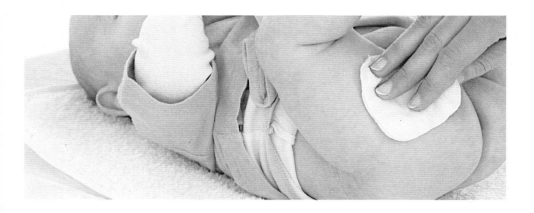

（六）耳朵护理：保持良好的听力

和眼睛一样，耳朵也是人体与外界保持联系的一个重要渠道。爸爸妈妈平时如果不注意保护宝宝的耳朵，则有可能导致宝宝听力下降。那么，怎么做才能让宝宝拥有好听力呢？

1 养成洗耳的良好习惯

耳朵的外表面暴露在空气中，极易吸附一些尘土和细菌，因此爸爸妈妈一定要注意保持宝宝耳部的清洁。

2 宝宝清理耳屎的最好方法

有时候，宝宝耳内发痒，妈妈为帮助宝宝止痒，就会顺手拿不干净的火柴棒或是用自己的指甲在宝宝的耳道内掏挖。这样做会导致病菌进入中耳腔内，容易引起宝宝中耳腔感染、耳道长期流脓，后果严重的话，还会造成鼓膜穿孔，对宝宝的听力造成极大的影响，甚至导致耳聋。

很多妈妈会用耳药水来给宝宝清理耳屎。在宝宝临睡前，给他滴 1 ~ 2 滴耳药水，这样是比较安全的清理耳屎的方法。

妈妈还可用消毒棉球给宝宝清理耳屎，方法为：在宝宝的耳朵内塞一个用消毒棉球做成的耳塞，第二天取出耳塞，耳屎可能粘在上面从而被清除出耳道。

如果上面说的办法都没有用，那么爸爸妈妈应该到医院寻求医生的帮助。

3 防止异物进入耳朵

很多宝宝喜欢将东西塞入自己的耳朵里面，这个一种很危险的行为，因为宝宝的耳道很细窄，如果有异物进入，容易撑压耳道，并且在耳道中形成具有相当危险性的阻塞。

4 户外活动也要保护好耳朵

爸爸妈妈带宝宝外出的时候，要注意保护宝宝的耳朵。保护主要集中在两个方面：一是防晒防冻防风，二是防外压和碰撞。如果户外的太阳光线比较强，爸爸妈妈可以通过戴能遮挡耳部的遮阳帽或在耳部外表涂抹少许防晒霜等来保护宝宝的耳朵；如果是寒冷的冬季，爸爸妈妈则要给宝宝戴上可以遮住宝宝小耳朵的帽子，以防宝宝的耳朵被冻伤。当宝宝耳部出现异常现象的时候，妈妈应该及时带宝宝就医。

5 避免噪声的刺激

高分贝的噪声也有可能会导致宝宝听力下降。有些爸爸妈妈喜欢听 MP3，于是也想让宝宝也"享受"一下声音的魅力，便随手将耳机塞进宝宝耳中，但这么做是非常危险的。因为音量过大时，容易损害宝宝的听力；耳机直接塞入宝宝耳中，声音直接刺激鼓膜，然后通过鼓膜来传导，时间久了，鼓膜就容易疲劳，也会造成宝宝听力下降。因此，爸爸妈妈在让宝宝听音乐的时候，最好不要让宝宝戴耳机听，而是采取外放的方式，并且音量不宜过大。

6 谨慎用耳毒性药物

对于具有特殊过敏体质的宝宝来说，一些抗生素药物如链霉素、卡那霉素、庆大霉素等对宝宝耳朵的听神经有明显的毒害作用，即使是医生在为宝宝注射上述药物时，爸爸妈妈也一定要留心观察，如果宝宝出现头晕、耳鸣、口角麻木等症状，就要及时给宝宝停药，否则会导致宝宝中毒性耳聋。

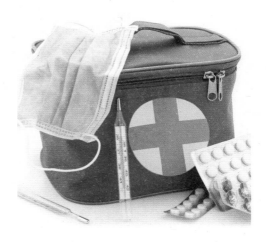

（七）排痰秘诀，宝宝有痰不再害怕

宝宝免疫力弱，容易感染气管炎、支气管炎等呼吸系统疾病。由于气管发炎，宝宝喉咙里总会有很多黏稠的痰液"呼噜呼噜"作响。但是宝宝这时还不会吐痰，痰若不及时排出来就会堵住呼吸道，导致宝宝呼吸不畅，影响健康。那么爸妈怎样才能帮助宝宝排出痰液呢？

1 优良的外部环境有助于排痰

宝宝的卧室要经常通风，保持空气清新，通风的时候要把宝宝抱到其他房间，通风完毕再抱回来。室温以18～22℃为宜，相对湿度保持在55%，如果空气干燥，可以用加湿器保湿，也可以在房间里放一盆水，或用湿布拖地板，都可以增加室内的空气湿度。适宜的温度和湿度有利于呼吸道黏膜保持湿润状态和黏膜表面纤毛的摆动，有助于痰的排出。

2 四种排痰方法，帮宝宝轻松排痰

打造好了外部环境之后，爸爸妈妈接下来就要给宝宝排痰啦。

NO.1 多饮水：止咳、稀释痰液

宝宝喉咙有痰，爸爸妈妈可以让宝宝多喝一些白开水，这样可以起到止咳和稀释痰液的作用。痰液的黏稠度随之降低，也就比较容易排出。

NO.2 蒸汽法：止咳祛痰

将沸水倒入一个大口罐或茶杯中，把宝宝抱起来，使其口鼻对着升起的水蒸气吸气，这样可以稀释痰液，有利于排出。

NO.3 食疗法：化痰止咳

我们日常所食用的一些食物就有很好的清热、化痰、止咳的功效，如梨、萝卜、枇杷、马蹄、冬瓜、藕等，爸爸妈妈可以选择性地给宝宝食用。

NO.4 拍背法：帮助宝宝排痰

拍背法可促使宝宝肺部和支气管内的痰液松动，向大气管引流并排出。当宝宝有痰咳不出而又呼吸困难的时候，爸爸妈妈可采取拍背法。具体方法是：两侧交替进行，每侧至少拍3～5分钟，每日拍2～3次。拍击的力量不适宜过大，要从上而下、由外向内依次进行。

（八）学会引导宝宝模仿

模仿能力的增强，是宝宝自我意识和活动能力增强的表现。通过模仿，宝宝可以将他人与自我良好地区分开来，使"自我"的概念更加清晰和成熟。同时，积极地模仿外界，也是宝宝认识事物的一种方式。

1 利用宝宝的模仿欲可对其进行训练

这个月，随着宝宝模仿能力的增强，爸爸妈妈可充分利用机会，鼓励宝宝说话和走路，对宝宝进行语言和步行训练。

宝宝其实已经储备了不少句子和词汇，就等待一个合适的脱口而出的机会。所以，爸爸妈妈要积极地做好引导工作，抓住宝宝这个语言能力发展的关键期，让宝宝多接触之前就熟知的事物，在教

会宝宝认识事物的同时辅以发音，"萌生"宝宝的语言功能。

在学步的时候，爸爸妈妈可以先辅助宝宝进行肢体的训练，可让宝宝熟悉走路的动作，尤其是下肢的活动。注意，要让宝宝有一个适应的过程，不可急躁。

2 爸妈要积极引导宝宝的模仿行为

这个月龄的宝宝已经会主动去模仿爸爸妈妈的动作和语言了。爸爸妈妈要多注意自己的言行习惯，尽可能为宝宝做一个好榜样。不要在宝宝面前吐痰、说脏话，否则，宝宝会通过模仿"感染"这些坏习惯和情绪，对其正常生长发育造成影响。

宝宝会走路后，户外走动会增加，所看所闻也会丰富起来。对于他好奇的人，特别是喜欢的人，宝宝都会主动去模仿，因为模仿是人类对于"喜欢"最原始的表达。这时，爸爸妈妈不能用严厉的语言来命令宝宝不要去模仿，而是应该用商量和诱导的方式引导宝宝去模仿好的方面。

（九）撕纸，也不是在搞破坏

大多数宝宝进入第 9 个月后，会有撕纸、咬纸的现象发生。

处在这个时期的宝宝，手部动作渐趋精细，手眼协调能力也基本具备。当他们发现通过自己小手的动作可以改变纸的形状、大小，撕纸时会发出声响等时，宝宝会感到欢乐和惊喜，故而乐此不疲。

有些爸爸妈妈担心撕纸会养成他们破坏东西的习惯，因此担忧，其实，这些担忧是多余的。

通过撕纸，可以锻炼宝宝手部肌肉的力量和手指的协调性，利于手部精细动作的发展；也可以使宝宝初步认识到自己有改变外界环境的能力，从中得到乐趣；同时也可以训练手、眼的协调能力，促进脑功能的发育。

因此，爸爸妈妈不要阻止宝宝撕纸，可以说，宝宝撕纸，就像他学习说话、走路一样正常，爸爸妈妈要顺其自然，为宝宝创立撕纸的条件，当宝宝撕得好的时候，还要鼓励他。当然，宝宝撕纸时爸爸妈妈应注意相应的安全问题：

一要注意卫生、安全：宝宝有的时候不仅撕纸，还会放在嘴里咬、啃，这时爸爸妈妈可以给宝宝找一些不带字的干净纸或者面巾纸，让宝宝撕着玩，但要防止宝宝把纸吃进肚里。

二要考虑纸的质量：可以给宝宝准备一些小手撕不烂的画册或卡片，这样既可以让宝宝在撕纸或者翻书的过程中认识物体、学到知识，又可以防止宝宝啃咬书本时将纸屑吞进肚里。

（十）给宝宝穿上开裆裤

在婴儿期，宝宝还不能控制大小便，且其饮食主要以奶类为主，大小便的次数较多，因此妈妈需要不停地为宝宝更换尿布。为了方便，许多妈妈常常会给小宝宝穿开裆裤。

1 穿开裆裤"露肉"存在危害

开裆裤确实能给妈妈省去不少麻烦，可是却会给宝宝带来不少危害。

NO.1 诱发感染

穿开裆裤时，宝宝的臀部、外阴部直接暴露在外面，容易引起肠道寄生虫病的交叉感染；女婴尿道短，易引起尿路感染；在活动的时候，容易被锐器扎伤或被火、开水烫伤。

NO.2 容易引起感冒

在寒冷的冬季让宝宝穿开裆裤的话，冷风会直接灌入宝宝腰腹部和大腿根部，容易使宝宝感冒。

2 做好相应的防护工作

宝宝穿开裆裤确实有不少危害，但为了护理方便又不能不穿，这就需要妈妈在方便自己之余，也要做好下列防护工作：

NO.1 根据月龄采取不同方法

给宝宝穿开裆裤时，应根据月龄采用不同的方法。宝宝未满1岁，可以在开裆裤里垫上尿布。宝宝满1周岁，就可穿满裆裤了。

NO.2 只在家时穿开裆裤

一来便于更换尿布，二来方便宝宝在便盆上练习排便。但需做好家里的清洁卫生，以保证宝宝的健康。冬天外出时，宝宝里面穿开裆裤（最好垫上纸尿裤），外面套上满裆裤。

NO.3 保持清洁和卫生

每天为宝宝清洗小屁屁，保持局部清洁。尽量避免因穿开裆裤给宝宝带来不利因素。

NO.4 随时留意宝宝裸露部位的健康

给宝宝穿上开裆裤后，妈妈要随时留意宝宝会阴部的健康状况，发现异样要及时送医院就诊。

（十一）排除隐患，方便宝宝的爬行

宝宝会爬，活动范围更加广，妈妈稍微不注意，他就有可能陷入危险地带。为了宝宝的安全，妈妈应该尽量为宝宝营造一个舒适、宽松、安全的爬行环境，让宝宝远离危险。下面是常见的宝宝爬行环境中的安全隐患及改造方式，仅供妈妈参考。

1 地板

> **危险因素：**
> 用水泥、大理石、瓷砖、木板等材料所铺设的地板质地很硬，学习爬行的宝宝很容易因为跌倒而受伤。

> **安全改造**
> 可以在地板上面铺设软垫，不过要使用厚度较高的软垫才能发挥作用。避免用有很多小花纹的软垫，以防宝宝将小花纹抠起来放入嘴里。

2 桌角、柜角

> **危险因素：**
> 尖锐的桌角或柜角对学爬行的宝宝来说简直就是"危险品"，万一宝宝碰到，就有可能导致宝宝脸上或头上"破相"。

> **安全改造**
> 将所有的桌角和柜角一律套上护垫，或用海绵、布等包起来，就算宝宝不小心撞到，也可能将伤害降到最低。也可暂时把这些桌子、柜子搬离宝宝爬行的房间。

3 窗户

> **危险因素：**
> 会爬的宝宝探索的范围会慢慢地扩大，窗户就是他们的目标之一。若不小心让宝宝爬到窗口，很有可能会掉下去，造成生命危险！

> **安全改造**
> 窗户上要加上护栏或者防盗窗。

4 热水瓶等易碎品

▶ **危险因素：**

热水瓶、茶具、花瓶等易碎品也是潜在的"危险品"。一旦碰碎，热水瓶里的热水不但会烫伤宝宝，而且这些易碎品的碎渣还可能划破宝宝稚嫩的皮肤。

▶ **安全改造**

热水瓶、茶具可以暂时放在厨房上方宝宝够不到的柜子里；花瓶最好放在窗台上，不要放在有桌布的桌子上面，因为宝宝在拉扯桌布的时候很可能会将花瓶扯下来。

5 电插座

▶ **危险因素：**

宝宝爬行时，可能会爬到插座附近，一不小心就会有触电的危险。

▶ **安全改造**

在未使用的插座上加装防护盖，也可用绝缘材料将它们塞好、封上，或使用安全插座。

6 药品或其他宝宝可以吞食的小粒物品

▶ **危险因素：**

宝宝都有一个"爱好"，就是不管什么东西都喜欢放进嘴里。要是不小心误食了药品或其他小颗粒物品（珠子、硬币等），后果不堪设想。

▶ **安全改造**

药品或者其他小颗粒物品要收好，最好放在宝宝看不到也够不着的地方，比如锁在抽屉和柜子里。

7 气球等类似物品

▶ **危险因素：**

气球、塑料薄膜、塑料袋等物品容易引起宝宝窒息。

安全改造

▶ 在宝宝爬行时，要把这些东西收好，放在远离宝宝的地方，或干脆放到另外一个房间里。

③ 宝宝的喂养 ∙∙∙∙∙∙∙∙∙∙∙∙∙∙∙∙∙∙∙∙∙∙∙∙∙∙∙

（一）喂养要点

7月这个月，宝宝已经长出小乳牙，也具备有咀嚼能力，她的小舌头也具有了搅拌食物的功能。对于食物，宝宝越来越表现出个人的喜好。那么，在这个月里，妈妈在喂养宝宝的时候需要注意什么问题呢？

1 坚持母乳喂养

世界卫生组织建议，如果条件允许，母乳喂养可持续到2岁。母乳喂养的宝宝更加不容易生病。6个月后，宝宝从母体带来的免疫力就消失了，而此时，宝宝本身所具有的免疫力相对成人较弱，这也是为什么宝宝过了半岁后会很容易生病的原因。而母乳喂养的宝宝能继续从母体中获取免疫力，同时，母乳喂养相较人工喂养来说更加安全，更加卫生。

2 配方奶仍然很重要

人工喂养的宝宝，可能比母乳喂养的宝宝更喜欢吃辅食。但是妈妈们要知道，奶类依然是这个月宝宝营养的主要来源，不能完全用辅食替代，妈妈应该掌握好辅食的量。

NO.1 配方奶并非越浓越好

有些妈妈认为配方奶越浓，宝宝得到的营养就越多，生长发育就越快，因此在给宝宝冲奶粉的时候就多加奶粉少加水，使其浓度超出正常标准，这种做法是很不科学的。因为宝宝的脏器娇嫩，难以承受过重的负担和压力，如果经常给宝宝喝过浓的配方奶，会引起宝宝食欲不振、腹泻、便秘等，严重的话，还会引起急性出血性小肠炎。因此，在给宝宝冲调配方奶时，一定要根据说明冲调。

NO.2　让宝宝爱上配方奶

就算宝宝确实不爱喝配方奶，更容易接受辅食，妈妈们也要想尽办法让宝宝摄入配方奶，因为奶和米、面相比，其营养成分要高得多。因此，如果由于宝宝吃了小半碗粥，就让他少吃一瓶奶的做法是不对的。

3　固体食物巧添加

宝宝从吮吸乳汁到用碗、勺吃半流质食物，再到咀嚼固体食物，食物的质和饮食行为都在变化，这对宝宝提高食欲是大有益处的，同时对宝宝掌握吃的本领也是个学习和适应的过程。那么，爸爸妈妈究竟要在什么时候开始给宝宝添加固体食物呢？

NO.1　添加固体食物的时机

宝宝吃固体食物的时机判断标准是：宝宝能够靠支撑物的帮助坐起来，能稳定地控制自己的脖子并且可以把头从一侧转向另一侧的时候。这通常发生在宝宝 7 ~ 9 个月大时。

这个阶段的宝宝口腔唾液淀粉酶的分泌功能日趋完善，神经系统和肌肉控制等发育已较为成熟，而且舌头的排斥反应消失，可以掌握吞咽动作。

NO.2　固体食物的添加方法

喂固体食物可以从谷类食物开始，因为谷类引发过敏反应的可能性最小。开始时应该喂非常小的量，大约是一勺谷类食物混合几勺母乳或代乳品。固态食物不适宜太稠，应该呈流状，且需用适合宝宝口腔的勺子喂，让粥流进宝宝的嘴里。宝宝 6 个月大后，可喂含有燕麦、大麦以及小麦的谷类食物；7 ~ 9 月大时可喂蔬菜和水果。

4　继续添加辅食，但要保证奶类的摄取量

本月除了继续给宝宝吃上个月的辅食，还可以添加肉末、豆腐、整个蛋黄、整个苹果、猪肝泥、各种菜泥等。未曾添加过的新辅食，要一样一样地添加，不要一次添加 2 种或 2 种以上。

虽然辅食的量慢慢增多，但这时期还是以母乳为主食。授乳量虽然会慢慢减少，但仍应保证每天至少授乳 3 ~ 4 次，总量达到 500 ~ 600 毫升。

有些乳汁充盈的妈妈为了图省事，迟迟不给宝宝添加辅食。不管妈妈的乳汁是否充盈，宝宝半岁以后也应给宝宝添加辅食了。一来，妈妈乳汁中所含的铁已远远跟不上宝宝的身体需要；二来，半岁后宝宝进入长牙期，需要接触各种辅食来锻炼咀嚼能力。

5 让宝宝习惯奶杯

逐渐让宝宝用奶杯喝奶，是断奶的重要方法。这并不是说要马上改用奶杯，完全丢弃奶瓶，而是让宝宝逐渐适应并知道：除了奶瓶，用奶杯也可以喝奶。

妈妈可以每天给宝宝的奶杯里倒入一点配方奶让宝宝喝。也许刚开始宝宝不愿多吃，等他逐渐习惯后，妈妈就可以用奶杯给宝宝喝果汁和水了。这个计划一旦开始实施，最好在每次吃辅食的时候，都用奶杯喂宝宝一两次。

6 抓住宝宝的味觉敏感期

7～9个月是让宝宝接受辅食的关键时期。在给宝宝添加辅食的过程中，如果妈妈一看到宝宝不愿吃或稍有不适就马上心疼地停止喂养，甚至根本不给他添加辅食，会使宝宝错过味觉、嗅觉及口感的最佳发育和形成期，导致宝宝将来断奶困难，还可能患上厌食症。

如果妈妈能够在宝宝味觉、嗅觉敏感期适时地让他尝试各种味道的食品，就能培养他良好的味觉及嗅觉感受，防止他日后偏食挑食。

7 不要过分限制宝宝的饮食

有的妈妈总是按照自己对营养知识的了解，去给宝宝安排饮食，以为只有这样才能保证宝宝合理地摄取营养，却从来不允许宝宝按照他自己的欲望去挑选食物。实际上，只要宝宝的味觉、嗅觉及对食物的口感发育正常，正常的宝宝完全可从爱吃的各种食物中选出有益健康的饮食组合。因此，妈妈没必要过分限制宝宝。

NO.1 7 个月宝宝的营养需求及一日饮食参考

宝宝的营养需求：第 7 个月的宝宝对各种营养的需求继续增长。鉴于大部分宝宝已经开始出牙，在喂食的类别上可以谷物类为主要辅食，再配上蛋黄、鱼肉或肉泥以及碎菜、碎水果或胡萝卜泥等。在做法上要经常变换花样，以引起宝宝的兴趣。

一日营养计划

上午	6:00 母乳或配方奶 200 ~ 220 毫升，馒头片（面包片）15 克
	9:00 饼干 15 克，母乳或配方奶 120 毫升
下午	12:00 肝泥粥 40 ~ 60 克
	15:00 面包 15 克，母乳或配方奶 150 毫升
	18:30 西红柿鸡蛋面 60 ~ 80 克，水果泥 20 克
晚上	21:00 母乳或配方奶 200 ~ 220 毫升
	鱼肝油：每天 1 次，每次 1 粒
	其他：保证饮用适量白开水

NO.2 8 个月宝宝的营养需求及一日饮食参考

宝宝的营养需求：第 8 个月时，妈妈乳汁的质和量都已经开始下降，难以完全满足宝宝生长发育的需要，所以添加辅食显得尤为重要。同时，此阶段大多数宝宝都在学习爬行，体力消耗较多，应该供给更多碳水化合物、脂肪和蛋白质类食品。

一日营养计划

上午	6:00 母乳或配方奶 200 ~ 220 毫升，馒头片（面包片）25 克
	9:30 馒头 20 克，鸡蛋羹 20 克，母乳或配方奶 120 毫升
	10:30 水果泥 50 克
下午	12:00 小馄饨 50 克
	15:00 蛋糕 20 克，母乳或配方奶 120 毫升
	18:30 肉末胡萝卜汤 60 克，西红柿鸡蛋面 60 ~ 80 克，果泥 20 克
晚上	21:00 母乳或配方奶 200 ~ 220 毫升
	鱼肝油：每天 1 次，每次 1 粒
	其他：保证饮用适量白开水

NO.3 9 个月宝宝的营养需求及一日饮食参考

宝宝的营养需求：此阶段宝宝营养需求与第 8 个月大致相同，从现在开始可以增加一些粗纤维的食物，如茎秆类蔬菜，但要把粗的、老的部分去掉。9 个月大的宝宝已经长牙，有咀嚼能力，可以让宝宝啃食硬一点的东西，这样有利于乳牙的萌出。

一日营养计划

上午	6:00 母乳或配方奶 200 ~ 220 毫升，馒头片（面包片）30 克
	8:00 水果泥 100 ~ 150 克
	10:30 蛋花青菜面 100 克
下午	12:00 母乳或配方奶 200 ~ 220 毫升
	15:00 虾仁小馄饨 80 克
	18:00 清蒸带鱼 25 克，土豆泥 50 克，米粥 25 克
晚上	21:00 母乳或配方奶 200 ~ 220 毫升
	鱼肝油：每天 1 次，每次 1 粒
	其他：保证饮用适量白开水

（二）让宝宝养成良好的饮食习惯

现在，宝宝正在一天天长大，也变得越来越懂事。在爸妈的培养下，宝宝逐渐养成很多好习惯，良好的饮食习惯就是其中之一。现在，一起来看看爸妈是如何培养宝宝的吧。

1 喂养严格按规定

在喂养宝宝的时候，爸爸妈妈应该做到定时、定量、定地点，这样有助于宝宝养成良好的饮食习惯，有利于形成内在的条件反射，从而为宝宝消化系统的正常运行提供有力保证。

2 进餐更要讲究卫生

用餐时，宝宝的卫生习惯也不容忽视。爸爸妈妈在喂养宝宝前要给宝宝洗净小手，戴上围嘴或是围上小手帕。

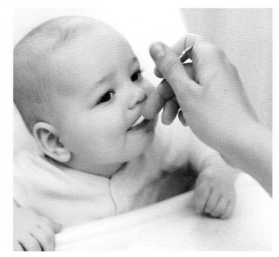

3 莫让宝宝边吃边玩

不要让宝宝边吃边玩，或者是吃几口又去玩，这是一种很坏的进食习惯，对食物的消化极为不利，既不科学又不卫生。同时，边吃边玩的毛病不仅会损害宝宝的身体健康，还会使宝宝从小养成做什么事都不专心、不认真、注意力不集中的坏习惯。

4 吃零食要有节制

零食中有很多营养成分都是正常饮食所缺乏的，但如果让宝宝没有节制地吃零食，会让宝宝的肠道得不到休息，影响宝宝的正常进餐。

爸爸妈妈要注意帮助宝宝养成正确吃零食的习惯，做到定时定量，最好是在两顿饭之间或饭前两小时左右吃适量的零食，这样可以更好地发挥零食的功效，也不会影响宝宝的正常进餐。

（三）吃好食物，增强宝宝免疫力

宝宝在 7 个月以前身体很好，一直没生过什么病，可是一进入 7 月，宝宝就开始三天两头生病，不是感冒就是发热，这让爸爸妈妈感到十分郁闷，为什么宝宝越大，生病次数反而越来越多呢？

1 学会自测宝宝免疫力的强弱

一些宝宝在 6 个月以前身体很好，进入 6 个月后，宝宝体内来自母体的抗体水平逐渐下降，此时宝宝自身合成抗体的能力还很差，这就导致宝宝的免疫力下降，容易生病。接下来通过下面的测试来看看宝宝的免疫力水平吧。

表 4-4：宝宝免疫力强弱自测表

	12分	5分	0分
母乳喂养	A. 母乳喂养四个半月以上	B. 母乳喂养少于四个半月	C. 从未对宝宝进行母乳喂养
合理膳食	A. 营养均衡	B. 有点儿挑食	C. 挑食、偏食
睡眠质量	A. 睡眠充足	B. 基本保证	C. 毫无规律
生活规律	A. 生活很有规律	B. 基本规律	C. 毫无规律，全由宝宝做主
晒日光浴	A. 每天一次	B. 偶尔一次	C. 从来没有
合理锻炼	A. 经常	B. 偶尔	C. 从不锻炼
心情愉快	A. 宝宝笑口常开	B. 基本愉快	C. 感觉不出愉快
周围环境污染程度	A. 没有污染	B. 污染较少，注意防范	C. 污染严重，疏于防范
合理用药	A. 十分合理	B. 比较注意	C. 十分随意
免疫接种	A. 按计划定时接种疫苗	B. 偶然会忘记	C. 从来不接种

结果分析：

● 85 分以上：宝宝免疫力很好，继续注意均衡饮食和加强锻炼即可。

● 60 ~ 84 分：宝宝免疫力一般，日常需稍作改善。

● 60 分以下：宝宝免疫力不足，需要通过饮食和锻炼来加强。

2 吃对食物，帮助增强宝宝免疫力

通过上面的测评，您家的宝宝免疫力是强还是弱呢？如果在85分以下，妈妈们可要注意加强养护哦！现在，先从饮食上给宝宝的免疫力"加分"吧。

NO.1 多吃母乳

母乳不仅是宝宝身体和智力发育的黄金食品，而且还具有增强宝宝免疫力的功效。研究发现，母乳喂养的宝宝免疫力要比非母乳喂养的宝宝高。之所以会出现这种结果，是因为母乳中含有对呼吸道黏膜有保护作用的几种免疫球蛋白，以及一定量的可以抑制感冒病毒的溶菌酶、乳铁蛋白、巨噬细胞等免疫因子。因此，建议妈妈在喂养宝宝的过程中，尽可能地让宝宝多吃母乳。

NO.3 多吃含锌食物

锌有"病毒克星"的美称，具有抑制感冒病毒繁殖、增强人体免疫功能的功效。爸爸妈妈可以多让宝宝吃一些富含锌的食物，如海产品、肉类、家禽、豆类以及坚果类食物。

NO.5 多吃富含维生素 A、C 的食物

维生素 A 能稳定人体上皮细胞膜、维生素 C 能间接促进抗体合成，有意识地多吃富含这两者的食物能增强宝宝的免疫功能。其中鸡蛋、南瓜、奶类、胡萝卜等富含维生素 A；新鲜绿叶蔬菜及各种新鲜水果富含维生素 C。

NO.2 多吃碱性食物

碱性环境不利于病毒的繁殖，身体若能保持碱性环境，就能有效抵御感冒病毒的侵袭。因此，爸爸妈妈应多给宝宝吃碱性食物，如葡萄、苹果、西红柿、胡萝卜、海带等，从而改变宝宝身体的内环境，这可以有效提高宝宝身体的免疫力。

NO.4 多吃含铁食物

人体若缺乏铁元素，可导致免疫功能下降，降低人体的抵抗能力。爸爸妈妈可以让宝宝多吃一些含铁元素比较丰富的食物，如奶类、肉类、动物血、蛋类、菠菜等，但切忌盲目贪多，这会降低人体对锌、铜的吸收。

NO.6 少吃高盐、高糖食物

在喂养宝宝的过程中，爸爸妈妈还应注意尽量让宝宝少吃或不吃高盐、高糖的食物。

（四）巧吃食物，宝宝会更聪明

宝宝自出生就一直是个小胖子，添加辅食后，妈妈发现他只喜欢吃肉食，而对水果和蔬菜一点儿都不想吃，这可真急坏了爸妈。

很多妈妈都会有这样的感觉，宝宝之前吃东西还很乖，可是到了七八个月时，就开始变得挑食了。这是为什么呢？

1 宝宝为什么会开始挑食？

宝宝之所以会出现挑食的情况，是因为随着宝宝越来越大，其味觉发育越来越成熟，对各类食物的好恶表现得越来越明显。一般来说，味觉越是敏感的宝宝，挑食情况越严重。

有些爸爸妈妈对于宝宝挑食的情况置身事外，宝宝挑食时间长了便会养成偏食的习惯，对宝宝的健康成长极为不利。

2 应该树立正确的喂养观念

事实上，宝宝偏食往往是爸爸妈妈的喂养方式不当而引起的，因此，要想纠正宝宝偏食的坏习惯，首先需要爸爸妈妈树立正确的喂养观念：

1. 正确看待宝宝挑食、偏食

宝宝的这种挑食、偏食行为有时候并非永久性的。他在这个月龄不喜欢吃的东西，很有可能到下个月就又变得很喜欢吃。如妈妈不了解这一点，就很容易因为担心宝宝缺了营养而对宝宝的这种挑食、偏食行为十分较真，以致采取强硬的态度来改变宝宝，这就会在宝宝的脑海中留下不好的印象，导致他形成真正的偏食习惯。

2. 对挑食、偏食宝宝耐心诱导

当宝宝出现挑食、偏食情况之后，爸爸妈妈不要过于紧张，更加不要对宝宝采取强硬措施，这会造成宝宝的抵触情绪。妈妈应该对偏食的宝宝耐心诱导，要知道，对于一种新的食物，宝宝一般要经过一段时间的适应。

3 面对挑食、偏食有方法

宝宝挑食、偏食是成长发育过程中较为常见的一种现象。不过，如果爸爸妈妈不及时纠正宝宝的这一习惯，就会对宝宝的健康造成一定的影响。下面，告诉爸爸妈妈几个应对宝宝挑食、偏食的小妙招。

📍1 调整烹饪法

同样的食材有不同的烹饪法，宝宝出现偏食、挑食情况时，试着变换烹调方式，时而将食物做成软烂易嚼的，时而将食物做成颗粒分明的，食物的花样越多，宝宝就越感兴趣。

📍2 变形变色法

宝宝的好奇心很强，同样的食物变个花样，宝宝就会被吸引。改变食物的颜色，让食物更加好看；或者做成可爱的形状，如小白兔、花朵等，这些漂亮的图案可增强宝宝进食的兴趣。

📍3 食物掺杂法

将宝宝不喜欢吃的食物掺入宝宝喜欢吃的食物中，如将芹菜切成碎末拌在菜里或是饺子馅中。最初放的量可以少一些，待宝宝习惯后再逐渐增加。当增加到一定程度之后，宝宝自然就养成吃此食物的习惯了。

📍4 餐具诱惑法

爸爸妈妈还可以将宝宝不喜欢吃的食物放到一个十分可爱的容器中，这样，宝宝的注意力便会被这个形状可爱的容器所吸引，吃的意愿就会大大提高。

📍5 榜样的力量是无穷的

爸爸妈妈以身作则，做到不偏食、不挑食，并经常在宝宝面前吃一些宝宝比较挑剔的食物。食用时要表现出非常喜欢吃的样子，让宝宝认识到该食物很好吃，并且试着接受。

📍6 鼓励和表扬很重要

宝宝出现挑食、偏食，爸爸妈妈应引导宝宝改正不良习惯，并多给予鼓励。当宝宝表现好时，可使用"宝宝好棒"之类的话语，强化目的。

（五）怎么让宝宝爱上辅食？

宝宝刚接触辅食时，可能会对辅食有一种排斥反应，如哭闹，不肯进食等。爸妈应该想办法让宝宝爱上辅食，教会宝宝如何咀嚼食物，并注重辅食的多样性，鼓励宝宝进食，提高宝宝的食欲。

1 如何示范咀嚼食物？

最初给宝宝喂辅食的时候，宝宝因为不习惯咀嚼，往往会用舌头将食物往外推。在这个时候妈妈要给宝宝示范如何咀嚼食物且吞下去，可以放慢速度多试几次，让宝宝有更多的学习机会。

2 别喂太多或太快

一次喂食太多不但容易引起消化不良，而且会使宝宝对食物产生排斥，所以，应该按照宝宝的食量喂食，速度不要太快，喂完后，让宝宝休息一下，不要有剧烈的活动，也不要马上喂奶。

3 可以尝试多种新口味

饮食富于变化能刺激宝宝的食欲。妈妈可以在宝宝原本喜欢的食物中加入新材料，分量和种类应由少到多；逐渐增加辅食种类，让宝宝养成不挑食的好习惯；宝宝讨厌某种食物，妈妈应在烹调方式上多换花样；宝宝长牙后喜欢咬有嚼感的食物，不妨在这个时候把水果泥改成水果片；食物也要注意色彩搭配，以激起宝宝的食欲，但是口味不宜太重。

4 别在宝宝面前评论食物

模仿是宝宝的天性，大人的一言一行、一举一动都会成为宝宝模仿的对象，所以妈妈不应在宝宝面前挑食及评价食物的好坏，以免养成他偏食的习惯。

5 注重宝宝的独立性

宝宝半岁后便有了独立性，会尝试自己动手吃饭，这时应该鼓励宝宝自己拿汤匙进食。可以烹制宝宝容易手拿的食物，甚至在宝宝小手洗干净的前提下可以允许他用手抓饭吃，渐渐，宝宝的欲望既得到了满足，食欲也会更加旺盛。

（六）多大的宝宝可以吃零食？

主食以外的糖果、饼干、点心、饮料、水果等就是零食。已经能够吃一些固体辅食的 7 个月大的宝宝，也可以适当吃一些零食了。

1 零食可以满足宝宝的口欲

7 个月左右的宝宝基本上处于口欲阶段，喜欢将任何东西都放入口中，以满足心理需要。吃零食既可以在一定程度上满足宝宝的这种欲望，也能避免宝宝把不卫生或危险的东西放入口中。适当地吃点零食还能为断奶做准备。

2 零食对宝宝独立进食有着调节的作用

从食用方式的角度而言，零食和正餐的一个重要区别就在于，正餐基本上都是由大人喂给宝宝吃的，而零食是由宝宝自己拿着吃的，零食的这一特点对宝宝学会独立进食是个很好的训练机会。

3 宝宝吃零食一定要适量

虽然吃零食对宝宝有一定的好处，但不能不停地给宝宝吃零食。因为，宝宝的胃容量很小，消化能力有限；宝宝口中老是塞满食物容易发生龋齿，尤其是含糖食品，会影响食欲和营养的吸收。此外，如果宝宝手里总拿着零食，久而久之会影响语言能力及社会交往能力的发展。宝宝吃零食的时间最好放在两次正餐中间。

（七）拿什么辅食给宝宝磨牙?

1 水果条、蔬菜条

新鲜的苹果、黄瓜或胡萝卜切成手指粗细的小长条，清凉又脆甜，还能补充维生素，这可是宝宝磨牙的最佳食品。

2 柔韧的条形红薯干

红薯干是寻常可见的小食品，正好适合宝宝的小嘴巴咬，价格又便宜，是宝宝磨牙的优选食品之一。如果怕红薯干太硬而伤害宝宝的牙床，妈妈只要在米饭煮熟后，把红薯干撒在米饭上焖一焖，红薯干就会变得又香又软了。

3 磨牙饼干、手指饼干

磨牙饼干、手指饼干等，既可以满足宝宝咬的欲望，又可以让宝宝练习自己拿着东西吃，也是宝宝磨牙的好食品。

（八）让宝宝拥有好牙需要注意什么?

一般宝宝在 7 ~ 8 个月时开始长出 1 ~ 2 颗门牙。宝宝长牙后，妈妈要注意以下几个方面，以使其拥有良好的牙齿及用牙习惯。还可准备一些小零食给宝宝磨牙哦!

1 及时添加有助于乳牙发育的辅食

宝宝长牙后，就应及时添加一些既能补充营养又能帮助乳牙发育的辅食，如饼干、烤馒头片等，以促进乳牙的萌出。

2 纠正不良习惯

如果宝宝有吸吮手指、吸奶嘴等不良习惯，应及时纠正，以免造成牙位不正或前牙发育畸形。

3 注意宝宝口腔卫生

从宝宝长牙开始，妈妈就应注意宝宝的口腔清洁，每次进食后可用干净湿纱布轻轻擦拭宝宝牙龈及牙齿。

（九）多吃粗纤维食物对宝宝的好处

粗纤维广泛存在于各种粗粮、蔬菜及豆类食物中。一般来说，含粗纤维的粮食有玉米、豆类等。含粗纤维数量较多的蔬菜有油菜、韭菜、芹菜等。另外，花生、核桃、桃、柿、枣、橄榄也含有较丰富的粗纤维。粗纤维与其他人体必需的营养素一样，是宝宝生长发育所必需的。

1 有助于宝宝牙齿发育

吃粗纤维食物时，必需经过反复咀嚼才能吞咽下去，这个咀嚼的过程既能锻炼咀嚼肌，也有利于牙齿的发育。此外，经常有规律地让宝宝咀嚼有适当硬度、弹性和纤维素含量高的食物，还可减少蛋糕、饼干、奶糖等细腻食品对牙齿及牙周的黏着，从而防止宝宝龋齿的发生。

2 可防止便秘

粗纤维能促进肠蠕动，增进胃肠道的消化功能，从而增加粪便量，防止宝宝便秘。与此同时，粗纤维还可以改变肠道菌丛，稀释粪便中的致癌物质，并减少致癌物质与肠黏膜的接触，有预防大肠癌的作用。

（十）母乳喂养渐渐失去地位

宝宝到这个月后对母乳已经不是那么依赖了，他对妈妈准备的美味来者不拒，果泥、肉泥、新鲜水果、面条都很喜欢吃，不过在晚上睡觉前的那一餐还是要喝妈妈的奶才能入睡。母乳喂养的重要性从出生后 6 个月开始减弱，到了这个月，妈妈的乳汁分泌量开始减少，宝宝也习惯吃辅食了，因此母乳每天喂 3 ~ 4 次就可以了。

1 提前几个月作为宝宝断奶的过渡期

逐步增加辅食的量、品种和喂食次数，渐渐让辅食成为宝宝饮食的主体；母乳喂养适当减少量和次数，以辅食补充。如原来是在两次母乳喂养中间加一顿完全辅食，现在逐步过渡到一顿母乳一顿辅食，晚上完全喂辅食而不再用母乳喂养。

2 给点时间让宝宝断奶

从开始断奶至完全断奶需经过一段适应过程。如果断奶太过急进，你会发现宝宝变得烦躁不安、黏人、生气、伤心，还会使性子。有的宝宝还会因为突然断奶而发热、感冒、厌食，变得面黄肌瘦。妈妈也可能会因此胀奶、乳管堵塞，还可能会出现乳房感染。

3 乳类仍然为主食

断奶是指断母乳，并非断去所有乳类制品。第 9 个月是宝宝快速生长的一个重要时期，而宝宝生长需要蛋白质，乳类食品中蛋白质的质和量最好也最多，因此这个时期仍然要以乳类为主食，而将乳类作为辅食要等到宝宝 1 岁之后。

4 学会把握找到母乳替代品和最佳断奶时间

如果给不到 1 岁的宝宝断奶，你需要用奶瓶代替胸喂，因为此时的宝宝仍有很强的吮吸需求。至于用奶瓶喂什么食物，可以遵循医生的建议。断奶要从最不受宝宝欢迎的喂奶时间段开始，在那个时间段用替代品。几天或一周后再进行下一阶段的断奶。渐渐地，妈妈就完全用奶瓶、固体辅食等替代品取代母乳喂养了。宝宝最喜欢吃奶的时段（如睡前或一大早）要留到最后断。千万别急着放弃宝贵的喂奶时间。

（十一）保证配方奶的摄入量

这个月的宝宝每日配方奶的摄入量最好不要少于 500 毫升，也不要多于 800 毫升。最合适的量是 500 毫升，每天分 2 ~ 3 次喂养，但也要根据每个宝宝的具体情况决定。

1 选择含铁丰富的代乳食物

在这个阶段，妈妈需要多选择含铁丰富的代乳品，其中，蔬菜和谷类中含有的铁元素要比动物蛋白质中含有的铁元素难以吸收，而动物蛋白质（最佳食物来源为鱼、鸡肉、猪肉、牛肉、羊肉等肉食）和维生素 C 能促进蔬菜和谷物中铁的吸收。因此，妈妈要注意选择有互补作用的食物来给宝宝补铁。

2 宝宝拒食配方奶怎么办？

这个月给宝宝吃奶的目的是补充足量的蛋白质和钙。如果宝宝就是不吃奶类食品，可以暂时停一小段时间，不足的蛋白质和钙可以通过肉蛋等辅食来补充。但是也不要彻底停掉奶，即便一次吃几十毫升也可以。如果长时间不给宝宝喝奶，宝宝对奶的味道可能会更加反感。

4 面对不适症，妈妈有方法

（一）缺铁性贫血：宝宝没精神、没胃口

宝宝最近食欲骤减，有时稍微运动一下就会面色苍白，爸爸妈妈和他一起玩，他还会时不时地发脾气，显得烦躁不安，宝宝食欲不振、精神不佳的状态令爸妈十分担心，便带他去医院做了相关检查，原来，宝宝患有轻度缺铁性贫血。

宝宝 6 个月以后，容易患上缺铁性贫血，这对宝宝的健康生长造成了很大影响，严重的话，还会影响宝宝的智力发育。

1 发现宝宝患病的"点滴表现"

缺铁性贫血发病缓慢，不容易被爸爸妈妈发现，等有明显症状的时候，多半已经属中度贫血。那么，爸爸妈妈要如何发现缺铁性贫血的"点滴表现"呢？

一般来说，宝宝患有缺铁性贫血的话，会出现面色苍白、食欲减退、活动减少、生长发育迟缓等症状，严重的话，在宝宝大哭时就会出现呼吸暂停现象。年龄稍大一些的贫血儿则会注意力不集中、理解力差、过于好动等，少数则会表现出喜欢吃沙子、吃纸等异食癖。

2 宝宝为什么容易贫血？

为什么宝宝在 6 个月以后容易贫血呢？这是因为宝宝在宫内时，妈妈通过胎盘将自己的铁给了宝宝，足月生产的宝宝在出生时体内的铁较多，可满足出生后的 4 ~ 6 个月的身体生长需要。可 6 个月后，宝宝从妈妈那里获得的铁就无法满足自身生长发育的需要了，同时，这个时期母乳中所含的铁已经无法满足宝宝的需要，必须从食物中获取。如果不能及时给宝宝添加辅食，宝宝就很容易发生缺铁性贫血。

3 贫血宝宝的家庭照顾

对于缺铁性贫血，治疗的方法就是要给宝宝补充铁。又因为大多数小儿患贫血是喂养不当引起的，而且贫血为轻度的，故可以通过饮食疗法来纠正。

食物中含铁量最高的为木耳、海带、动物血液和肝脏，其次为肉类、豆类、

蛋类和绿叶蔬菜。动物血、肝脏、瘦肉和鱼类不仅含铁丰富，而且吸收率高达11%~20%，是补充铁剂的良好来源。母乳喂养的宝宝，妈妈要注意多吃上述含铁高的食物，并且经常检查血色素，发现贫血时应该尽早治疗，以免体内缺铁导致宝宝摄取不到足够的铁。

　　无论是母乳喂养还是人工喂养，到了6个月以后就要逐步给宝宝添加蛋黄、菜泥、肝泥、肉泥等富含铁的辅食。

　　缺铁患儿在日常生活中还要注意以下事项：

☑ 让宝宝保持静卧，保证充足睡眠，减少不必要的刺激。

☑ 应该注意冷暖变化，以免宝宝受凉。

☑ 观察病情变化，注意观察神态、心律、呼吸、血压、瞳孔及大便、呕吐等。注意贫血有无加重及合并其他疾病，协助医生观察贫血的原因。

---

4 做好预防，把贫血挡在门外

NO.1 母乳喂养

预防贫血，首先就要提倡母乳喂养。母乳中所含的铁元素虽然不多，但是却极易被人体吸收。

NO.2 多吃含有铁元素食物

爸爸妈妈要多给宝宝添加含铁元素较多的食物，例如在宝宝4个月后让他吃些蛋黄、菜泥等，在宝宝6个月以后，逐渐添加肉泥、鱼泥、肝泥、瘦肉粥、动物血等。爸爸妈妈还应该让宝宝多摄入一些富含维生素C的果汁，这个可以增加宝宝身体对食物中铁元素的吸收利用。

（二）感冒：最喜欢欺负宝宝的身体

宝宝马上就要 7 个月，妈妈原本打算周末带宝宝一起拍下"写真"，记录宝宝这个月的变化。可是，周六早上一起来，妈妈就发现宝宝有点流鼻涕，时不时地打喷嚏，还有些发热，这让妈妈十分担心。妈妈让宝宝喝了很多水，还让宝宝吃了感冒药和消炎药，并取消了当日的拍摄计划。

1 宝宝感冒的发病过程

感冒是上呼吸道感染的俗称，是宝宝最常见的疾病之一，多见于季节变换时。宝宝感冒发病后，常常先是感到鼻咽部位干燥不适，鼻痒，总是揉鼻子、打喷嚏；1 ~ 2 天时，宝宝会出现鼻塞，流清水样鼻涕的症状；3 ~ 5 天后，宝宝的清水鼻涕就会变成黏性或黏脓性涕。有些宝宝在感冒过程中还会伴随发热现象。

2 感冒症状主要有哪些？

宝宝在感冒期间会食欲下降、精神不振、烦躁不安，睡眠质量下降。有的宝宝因为自身抵抗力下降，因此还会引发咽炎、中耳炎等疾病。

3 宝宝感冒根源到底是病毒还是细菌？

宝宝感冒多数是由病毒感染引起的，少数是由细菌感染引起的。宝宝在身体受凉、营养不良、护理不当等情况下，鼻腔黏膜的正常防御功能遭受破坏，病毒入侵鼻腔黏膜后不断地成长繁殖，从而会引发感冒。

宝宝在这段时间易患感冒的根本原因是，7 个月以前的宝宝体内有来自母体的抗体等抗感染物质，而在 7 个月后，宝宝体内来自母体的抗体水平逐渐下降，而宝宝自身的免疫力又很差，对病原体的抵抗力也很弱，容易患各种感染性疾病。

4 面对感冒的侵入，支招保护宝宝

宝宝生病，爸爸妈妈一定要沉着应对，细心照顾宝宝。在感冒初期，如果宝宝不发热，最好不要带宝宝去医院打针，以免引起交叉感染。

爸爸妈妈在家中对宝宝感冒的护理，要做到以下几点：

NO.1 一定要注意饮食

宝宝在感冒的最初4~5天里，食欲下降，爸爸妈妈不要强迫宝宝喝奶，以免造成黏液分泌增加。爸爸妈妈可以给宝宝吃些清淡易消化的半流食，如稀米粥等；同时要让宝宝多喝水，充足的水分可以让宝宝的鼻腔分泌物变得稀薄，更加容易清理。

NO.3 让宝宝睡得更加舒服

宝宝睡得舒服，才有助于缓解病情。

NO.4 关注宝宝的病情

NO.2 充分休息很重要

在宝宝感冒期间要尽量让宝宝休息好，注意室内空气的流通，保证房间干净整洁、空气新鲜湿润，爸爸妈妈还可以用加湿器增加室内温度，这有助于宝宝呼吸更加顺畅。

方法一：宝宝在出现鼻塞时，可以在头部褥子底下垫上毛巾，保持宝宝45°坡度躺卧，有助于缓解宝宝鼻塞症状。

方法二：宝宝如果是单侧鼻塞，则可以让宝宝侧卧，这样可以让宝宝睡得更舒服。

小儿感冒与流感在发病过程中，都可以因为继发细菌感染而合并其他疾病，如肺炎、中耳炎等，发现这些并发症后要及时请医生诊治。

5 加强护理，调节饮食，做好相应的预防

在日常生活中，只要妈妈多加注意，做好预防，就能很好地帮宝宝将感冒挡在门外：

1 保持室内空气流通、空气清新，这是预防感冒最有效的办法。

2 提倡科学育儿，宝宝衣服要随气候的变化及时增减，勿过度保护。

3 让宝宝养成良好的生活规律，加强宝宝在室外的活动。

4 饮食不宜过饱，还可以让宝宝多吃蔬菜、水果、豆制品等食物，切忌吃过多甜食、油腻的食物。

5 在冬春季呼吸道疾病流行期，要避免带宝宝去人群聚集的公共场所。

（三）小儿肺炎：比感冒更重

在大年初三的晚上，爸爸就是觉得房间里太热，就关掉了电暖器。结果，宝宝晚上睡熟了后满床翻滚，还把被子给蹬掉了。早上起来，妈妈就发现宝宝着凉了，一直咳个不停。之前宝宝感冒咳嗽，妈妈给他吃几次药就好了，可是这次给宝宝吃了好几天药，咳嗽、咳痰症状似乎有增无减，并持续伴有低热状况，这可急坏了爸妈。二人抱着宝宝来到了医院。经过医生检查，确定宝宝是否患了肺炎。

肺炎是小儿时期的一种常见病，尤其多见于婴幼儿。肺炎是造成宝宝夭折的主要原因之一，爸爸妈妈一定要对其高度重视。

1 小儿肺炎，是谁引起的？

较大的宝宝如果感到头痛，咳嗽时咳出黄绿色、带有血斑的浓痰，并且呼吸急促、困难，还伴随着高热的症状，那么宝宝可能患上了肺炎。

肺炎是由细菌感染或病毒感染引起的。普通感冒等上呼吸道感染或水痘等传染病也会引发肺炎，而患有囊性纤维性病变的宝宝也很容易发生肺炎。

2 肺炎与感冒的区分方法

肺炎初起的症状跟感冒相似，以致于很难辨别，有的肺炎就是由感冒发展而来的。但是如果仔细观察，两者之间还是存在许多差别的。爸爸妈妈可以通过下列方法加以区分：

NO.1 测量宝宝的体温

肺炎常伴有发热的症状，且宝宝的体温常在38℃以上，持续2～3天，即使是使用退热药也只能暂时退一会儿。普通感冒虽然也会发热，但以38℃以下较多，持续的时间也比较短暂，使用退热药之后效果较明显。

NO.2 观察宝宝的咳嗽和呼吸

肺炎会导致宝宝咳嗽甚至喘憋等症状，程度较重，常伴有呼吸困难；而感冒引起的咳嗽一般较轻，不会引起呼吸困难。

NO.3 观察宝宝的饮食

宝宝感冒以后饮食比较正常，即使进食量较少也不会少太多。但如果是患上肺炎，宝宝的食欲就会明显降低，不吃东西、不吃奶，或者一喂奶就会憋气而哭闹。

NO.4 观察宝宝的精神状态

宝宝得了普通感冒，一般精神状态都不会有很大的改变，还能照常玩耍；如果是肺炎，则常会导致精神状态不佳，常有烦躁、哭闹不安或者昏睡、抽风等现象。

NO.5 观察宝宝的睡眠

宝宝感冒之后，睡眠通常不会有多大的变化。患肺炎之后就往往会睡不沉、容易惊醒，爱哭闹，在夜间还通常会有呼吸困难的症状。

NO.6 听宝宝肺部的声音

妈妈把耳朵紧贴在宝宝的胸部，普通感冒宝宝的肺部没有杂音，如果是肺炎就可以听到粗重的"呼噜呼噜"的呼吸声。

3 做好护理，可以让宝宝早日痊愈

宝宝如果患上肺炎，爸爸妈妈一方面要积极配合医生进行治疗，另一方面则要从以下几个方面对肺炎患儿加以护理：

NO.1 切记保持室内空气新鲜

爸爸妈妈要定时开窗，使室内空气流通，减少空气中的致病细菌。冬天通风换气时要避免对流风，注意保暖。夏天可用被单将宝宝包好，抱至室外阴凉处乘凉，以便呼吸新鲜空气。

NO.2 宝宝睡眠要充足

爸爸妈妈应该保证宝宝的睡眠充足，各项检查和护理应该集中进行，避免过多哭闹，以减少耗氧量和减轻心脏负担。

NO.3 做好饮食护理

爸爸妈妈应该让宝宝多吃富含维生素的流食，如母乳、菜泥和果汁，不要让宝宝大量食用高脂肪食物，避免宝宝吃辛辣食物。宝宝因为高热而呼吸增快，身体失去的水分较多，爸爸妈妈应该注意及时给宝宝补充水分，最好是给宝宝喝白开水，因为白开水有消炎化滞的作用，这样有益于肺炎的防治。

NO.4 喂食、喂水、喂药诀窍

重症肺炎患儿，喂食、喂水、喂药时，应该将患儿抱起呈斜坡位，少量勤喂，下咽后再喂。

NO.5 加强对皮肤及口腔护理

加强对宝宝的皮肤及口腔护理，尤其是对汗多的患儿要及时更换其潮湿的衣服，并用热毛巾把汗液擦干。

NO.6 建议多去户外活动

对痰多的患儿应尽量让痰液咳出，减轻肺炎。在病情允许的情况下，应经常将患儿抱起，轻拍背部。对于卧床不起的患儿应帮助其勤翻身，这样既可防止肺部淤血，也可使痰液容易咳出，有助于康复。还可多带宝宝去户外活动，多晒太阳，起到杀菌作用。

NO.7 密切注意宝宝病情变化

密切注意宝宝病情变化是护理的重要环节。由于宝宝抗病能力较差，当发现其呼吸快、呼吸困难、口唇四周发青、面色苍白或发绀时，说明其已严重缺氧，应尽快就医。肺炎治疗要彻底，不要以为不咳嗽不发热了就是肺炎治好了，中断治疗会使病情迁延。

4　防预胜于治病，小儿肺炎的预防措施

在日常生活中，爸爸妈妈要做到以下的事项：

NO.1 保持室内空气清新诀窍

要保持室内的空气清新，爸爸妈妈千万不要在家中吸烟。宝宝被动吸烟，就容易引发肺炎和气管炎。

NO.2 让宝宝远离感染源

预防肺炎，需要避开传染源，让宝宝远离病源。若是妈妈感冒了，喂奶时要带上口罩，防止呼吸道传染。

NO.3 宝宝饮食要均衡

均衡的饮食可提高身体素质。平时要让宝宝多吃营养丰富、易消化、清淡的食物，多吃水果、蔬菜等，避免食用刺激性食物，多给宝宝喝白开水，利于清肺化滞。

（四）咳嗽：父母听得不忍心

早上醒来，妈妈发现宝宝不知道是冻着了还是怎么了，鼻子不通，还不停地干咳。爸爸到附近的卫生院向医生说明了情况并让医生给配了一些药。第二天，宝宝咳嗽的症状并没有减轻，反而有加重的迹象。妈妈刚给宝宝喂完药，他就全部吐了出来，之后便哭闹不止。妈妈十分担心，和爸爸一起带宝宝去了医院。他们向医生说明了情况，医生说宝宝得了毛细支气管炎。听到医生的话，妈妈心里既紧张又难过，连连怪自己没有照顾好宝宝。

1 引发咳嗽的原因

引起咳嗽的原因有很多，主要是由于异物、刺激性气体、呼吸道内分泌物等刺激呼吸道黏膜里的感受器，通过传入神经纤维传到延髓咳嗽中枢，引起咳嗽。

很多时候宝宝咳嗽可能是由于非疾病因素，比如由吸入物刺激而引起。空气中的尘螨、花粉、真菌、动物毛屑、硫酸、二氧化硫等，都会刺激小儿呼吸系统，引发咳嗽。气候的变化也会诱发宝宝咳嗽，因此在寒冷季节或秋冬气候转变的时候，咳嗽的患儿较多。如果宝宝属于过敏体质，一旦食用可引起过敏的食物，如鱼类、虾蟹、蛋类等，也有可能引起咳嗽。疾病也是引起咳嗽的主要原因，感冒、呼吸道感染、肺炎、咽喉炎等许多疾病都有咳嗽的症状。

2 咳嗽护理，讲究效果

宝宝咳嗽的时候，爸爸妈妈应寻找诱发咳嗽的原因，并选择最好的治疗方法。不过，如果宝宝只是轻微的咳嗽，妈妈就不必太担心，做好护理工作就能让宝宝的病情得到缓解：

NO.1 给宝宝提供充足的水分

若宝宝摄取水分不足，会使痰变得更加黏稠，使其紧紧附着在呼吸道黏膜上，从而加重咳嗽。因此，爸爸妈妈要注意给宝宝补充比平日更多的水分。

NO.2 减少每次进食量

如果宝宝"吭吭"地咳嗽，连气都透不过来并呕吐的时候，可以减少每次进食的量，做到少食多餐。

NO.3 防止家中干燥，保持空气清新

为了保护宝宝的呼吸道，必须维持家中适宜的湿度，因为干燥的空气会刺激呼吸道黏膜。

NO.4 让宝宝远离二手烟

爸爸妈妈不要在宝宝的房间里面吸烟，不要让宝宝在二手烟的环境下生活，这会加剧宝宝咳嗽的症状。

NO.5 拍打宝宝背部以协助将痰咳出

宝宝咳得难受的时候，可以让其趴在妈妈的膝盖上，然后妈妈凹起掌心在宝宝的胸部及背部轻拍或者揉搓，注意用腕力轻轻拍打即可。

NO.6 给宝宝多吃新鲜蔬菜

新鲜蔬菜如青菜、胡萝卜、西红柿等，可以给宝宝提供多种维生素和无机盐，有利于机体代谢功能的恢复。

NO.7 宝宝穿衣要适当

生活中经常会见到这样的爸爸妈妈，他们认为宝宝肯定比成人怕冷，便不分季节、场所，将宝宝捂得厚厚实实的，不让宝宝受一点寒气，结果导致宝宝机体调节能力差、抵抗力低下。

NO.8 适当运动

适当运动对提高免疫力是有帮助的。不过，在疾病流行的季节，要少让宝宝到公共场所去，以减少交叉感染的概率。

（五）中耳炎：宝宝耳朵难受阵阵

　　早上起床，妈妈给宝宝喂蛋黄泥，宝宝就是不肯吃。妈妈还以为宝宝是挑食了，便给他冲了一瓶奶，结果宝宝仍然不喝。在此过程中，妈妈发现宝宝总是甩他的小脑袋，还时不时地用手去扯他的耳朵，并且哭闹不止。难道是宝宝的耳朵有问题？妈妈开始担心起来。于是，她赶紧带着宝宝一起去医院做了检查，医生说宝宝患上了中耳炎。

1　宝宝为什么会患上中耳炎？

　　宝宝突然出现烦躁不安、哭闹、发热现象，爸爸妈妈触动或牵拉一下宝宝的耳朵，宝宝就有触痛或者牵拉痛的感觉；当宝宝入睡时，耳朵被碰到会突然醒来哭闹，或者喂奶时耳朵受挤压引起啼哭不肯吃奶，就说明宝宝耳道疼痛，妈妈要想到宝宝可能患了中耳炎。

　　中耳炎主要是由于上呼吸道感染，病菌通过耳咽管到达中耳，导致中耳发炎所致。宝宝如果感冒或者喉咙痛，可能会使病菌进入鼓室，导致鼓室黏膜发炎肿胀，阻塞中耳。就像感冒时鼻塞那样，脓液积聚在中耳内压迫鼓膜，因此患儿感觉耳朵疼痛。

2　治疗为主，护理为辅

　　中耳炎是比较严重的小儿疾病，如果宝宝的耳朵已经流脓，鼓膜已经出现穿孔，很可能会因为治疗不及时而影响宝宝的听力，甚至会导致耳聋。所以一旦发现宝宝患有中耳炎，最好马上先到医院检查治疗，以免错过最佳治疗时间。

　　在遵从医生治疗方法的同时，爸爸妈妈也应做好以下护理以协助治疗：

1　急性期注意休息，保持宝宝鼻腔通畅。

2　给宝宝多食有清热消炎作用的新鲜蔬菜，如芹菜、丝瓜、茄子、荠菜、茼蒿、黄瓜、苦瓜等。

3　注意卫生，保持患儿的枕具、玩具、治疗用具（如药棉、器皿）等干净无污染。

4　中耳炎患儿不适宜游泳。

5　保持环境安静，以免宝宝心情烦躁，加重病痛。

6　带宝宝到户外锻炼身体，保持宝宝的良好情绪。

3 提早做好预防工作，保护好宝宝的耳朵

在日常生活中，爸爸妈妈要保护好宝宝的耳朵，做好预防的工作。如果爸爸妈妈能够注重生活上的护理，宝宝患中耳炎的几率就会大大减少。

NO.1 采用母乳喂养的方式

据研究表明，采用母乳喂养的宝宝患中耳炎的概率比较低，大约是人工喂养的宝宝的一半。这是因为母乳中含有免疫抗体，能帮助宝宝抵抗细菌和病毒的感染。

NO.3 做好预防宝宝感冒的工作

因为感冒会使咽鼓管阻塞，容易引发中耳炎，所以爸爸妈妈要多锻炼宝宝的身体，及时接种流感疫苗，注意宝宝的保暖，避免宝宝感冒。

NO.4 不要轻易给宝宝挖耳

由于挖耳可能会损伤中耳，引起炎症，所以不要轻易给宝宝挖耳。

NO.6 耳内有虫要智取

如果宝宝耳朵中不小心有虫子进入，不要急躁硬捉，可以往宝宝的耳朵里滴入食用油泡死小虫后取出。

NO.8 积极治疗鼻咽部疾病

如果宝宝患有鼻咽部疾病，一定要及时积极治疗，以免病菌进入中耳，引发炎症。

NO.2 保持正确的喂奶姿势

喂奶的时候妈妈不要躺在床上，宝宝也不要平卧，要让宝宝头部抬起成一定角度，特别注意不要让宝宝拿着奶瓶入睡，以避免奶液流向宝宝的咽鼓管，使咽鼓管阻塞，导致细菌繁殖而出现中耳炎。如果宝宝吐奶，应立即把宝宝抱起，让他头呈侧位，使奶吐出，然后轻轻立起，头躺在妈妈肩上，轻轻拍其背部。

NO.5 宝宝耳朵要注意防水

给宝宝洗澡、洗头时，要防止宝宝不合作以致污水流入耳内发生感染。如果带宝宝去游泳，上岸后要扶着他让他单脚跳动，让耳内的水流出，或者用棉签吸干水分。

NO.7 避免在家中吸烟

被动吸烟也是导致中耳炎发作的重要原因。为了宝宝的健康，爸爸妈妈最好不要在家里吸烟。

（六）晚出牙：宝宝的牙齿还不能 "萌芽"

　　一些新手妈妈因为担心宝宝，总会拿身高、长牙等和别的宝宝比较，如果发现自己的宝宝身高比别人家宝宝矮或长牙迟，就会忧心忡忡。其实宝宝晚长牙是由多方面原因引起的，如遗传、季节、辅食添加过晚、营养缺乏等。妈妈要找出宝宝晚出牙的原因，才能对 "症" 护理。

1 秋冬季节出生的宝宝容易出牙迟

　　宝宝长牙迟跟遗传有很大关系，一般爸爸妈妈小时候长牙迟的，宝宝也会长牙迟。除了遗传原因，佝偻病或营养缺乏也会导致宝宝长牙迟。

　　此外，许多秋冬季节出生的宝宝很容易出牙迟。这个时间出生的宝宝因为天气较冷，爸爸妈妈很少带其到户外活动，日晒少了，容易导致体内维生素 D 缺乏，引发佝偻病，从而导致长牙迟缓。对于这样的宝宝，妈妈要适当给宝宝补充维生素 D，促进钙吸收，防止佝偻病的发生。

2 给宝宝添加辅食太过于晚

　　许多爸爸妈妈给宝宝添加辅食过晚，造成宝宝营养缺乏，这也是长牙迟的原因之一。宝宝生长发育到一定阶段，光靠母乳和配方奶已不能满足其营养需求，所以，一定要及时给宝宝添加辅食，让其得到足够的营养，这样才能确保牙齿的正常萌出。

3 对宝宝长牙的护理不当

　　长不出牙的宝宝其实很少见，长牙只是早晚的问题，但许多爸爸妈妈往往会因为这一问题而焦虑，却忽视了宝宝长牙期间的问题。宝宝长牙前会出现流口水、哭闹、发热、喜欢咬手指等现象，爸爸妈妈一旦发现宝宝有这些表现，就要注意观察其长牙情况。在此期间，爸爸妈妈一定要纠正宝宝的一些不良习惯，以免影响其牙齿的正常发育。

　　首先，不主张爸爸妈妈给宝宝使用安抚奶嘴。如果宝宝只是在 1 岁前偶尔使用安抚奶嘴，一般对其牙齿的影响不大。但是如果宝宝特别 "迷恋" 安抚奶嘴，总是不离嘴，这不但会导致宝宝牙齿长得不整齐，还有可能会导致颌骨畸形。

　　其次，爸爸妈妈对宝宝经常啃手指、咬嘴唇、吐舌头等小毛病也要加以制止，这些习惯也会影响牙齿发育。宝宝在做这些小动作的时候，爸爸妈妈可以尽量转移其注意力，以免宝宝养成这样的坏习惯。

（七）盗汗：宝宝汗多是不是有毛病？

夏天到了，宝宝非常喜欢出汗，睡觉的时候，空调开到妈妈都感觉到有点冷了，宝宝还在出汗。宝宝这么爱出汗，不会是身体出现问题了吧？妈妈不禁担心起来。

宝宝在睡眠中出汗是常见的现象，有相当部分的宝宝是生理性多汗。生理性多汗多见于头部和颈部，常在入睡后半小时内发生，1小时左右就不再出汗了。

1 宝宝盗汗的主要原因

宝宝盗汗有生理性因素也有病理性因素，应仔细区别，必要时带宝宝去医院检查，发现异常须及时治疗。

NO.1 生理性多汗

生理性多汗是指宝宝发育良好、身体健康，无任何疾病引起的睡眠中出汗。爸爸妈妈习惯于以自己的主观感觉来决定宝宝的环境温度，喜欢给宝宝多盖被。宝宝因为大脑神经系统发育尚不完善，而且又处于生长发育时期，机体代谢非常旺盛，再加上过热的刺激，只有通过出汗来散发体内的热量。有的爸爸妈妈在宝宝入睡前给宝宝喝奶、喂辅食等，使得宝宝入睡后机体大量产热，只能通过皮肤出汗来散热。

NO.2 病理性出汗

病理性出汗是在宝宝安静状态下出现的，假如宝宝不仅前半夜出汗，后半夜及天亮前也出汗，多数是有病的表现，最常见的是结核病。结核病还有其他表现，如低热、疲乏无力、食欲减退、面颊潮红等。结核病的患儿白天活动时出汗称为虚汗，夜间的出汗称为盗汗。如怀疑宝宝感染结核病，应及时前往医院检查治疗。

体质弱的宝宝常常在白天活动时或夜间入睡以后，头、胸、背部成片状出汗，这往往是由于喂养不当或消化吸收不良引起的营养不良所致。护理上要注意调整喂养方法，促进宝宝食欲，增加蛋白质、脂肪及糖的摄入量，必要时可采用中医中药调理脾胃不合。

2 宝宝盗汗的细心护理

对于生理性出汗一般不主张药物治疗，而是调整生活规律。如入睡前适当限制宝宝剧烈活动；睡前不宜吃太饱，更不宜在睡前给予宝宝大量热食物和热饮料；睡觉时卧室温度不宜过高，更不要让宝宝穿着厚衣服睡觉；盖的被子厚度要随气温的变化而进行调整。

⑤ 宝宝的"早教课堂"开始啦 ……〜〜

（一）智力亲子游戏

现在，我们就一起来看看新生儿的各项身体发育指标吧。不过要提醒新爸爸新妈妈的是，下面表格中的数据只是一个参考标准而已。每个宝宝都有自己特定的成长轨迹，跟标准略有些偏差也是正常的。

捏响球

发挥宝宝的创造性思维能力

首先要准备好各种可以发出响声的球，接下来就可以开始游戏啦。

① 妈妈把藏在背后的玩具捏响，问宝宝："哎呀！是哪里发出来的声音呢？"然后再捏响，吸引宝宝。

② 妈妈出示玩具，问宝宝："哦，原来是球宝宝呀。宝宝，你想不想让小球也发出好听的声音呢？"

③ 妈妈把球放在宝宝的手里，然后抓住宝宝的手，和他一起捏，使球发出声音。

④ 宝宝熟练掌握后，妈妈可引导宝宝有节奏地捏响球，从而培养宝宝的手眼协调能力。

饼干搬新家
让宝宝感觉数字的乐趣

妈妈可以和宝宝一起做"饼干搬新家"的游戏。在做游戏之前，首先要准备一盒手指饼干、两个小碗。妈妈还要将自己和宝宝的手都洗干净。这个游戏的方法为：

这个游戏可以让宝宝感受数量和物品之间的逻辑关系，有助于发展宝宝的动作连贯性和协调转换能力，促进宝宝动作思维的萌芽。

①妈妈把若干根手指饼干放入一个小碗中。

③妈妈用食指和拇指拿起一根手指饼干，放入另外一个小碗中。

②妈妈引导宝宝使用相同的方法，将饼干一根一根地放入另一个小碗中，并在一旁帮忙数数："1，2，3……"

音乐教育

发展宝宝的音乐天赋

8个月是宝宝听觉发展的良好时期，爸爸妈妈在这一阶段对宝宝进行音乐教育，能使宝宝的音乐潜能得到较好的发展。

爸爸妈妈可以经常给宝宝唱儿歌或是播放一些节奏感强、优美欢快的歌曲，在唱歌的时候，注意有节奏地摆动宝宝的上、下肢。在游戏、进餐和睡眠时间播放不同的音乐，长期下来，不仅可以使宝宝的音乐潜能得到发展，还可以用音乐来影响宝宝的日常生活。如午睡或是晚上睡觉前，当宝宝听到睡眠时间给自己播放的音乐时，就更容易入睡。在播放音乐的过程中，爸爸妈妈要注意留心宝宝的反应，以免给宝宝造成过分刺激；爸爸妈妈还可以和宝宝做一些小游戏，如将宝宝抱在怀内，跟随着音乐的节奏翩翩起舞，有助于加深与宝宝的关系。

找玩具

帮助开发宝宝智力

这个游戏能引起宝宝的好奇心，有助于宝宝智力开发。

妈妈背对着宝宝躺好，将事先准备好的小玩具放在自己胸前这一边。妈妈的身体就像一座山似的挡住了玩具，让宝宝看不到。妈妈回过头对宝宝说："到这边来，妈妈给你好东西哦。"吸引他爬过妈妈的身体。宝宝听到妈妈的呼唤会很好奇，会想知道妈妈身体的另一边有什么东西。妈妈见到宝宝爬过来，要小心看护，不要让宝宝受伤。当宝宝爬过妈妈的身体时，妈妈要将玩具给宝宝玩一会儿，并夸奖宝宝"你真棒"。过一段时间，再开始游戏。宝宝因为有了上次的经验，这次会更加兴致勃勃。

宝宝看书

锻炼手指的灵活性

选择画面简单、色彩鲜艳的宝宝读物，最好是立体、有触摸面的。妈妈和宝宝坐在一起看书，告诉宝宝如何去翻书。一边翻一边给宝宝介绍书的内容，培养宝宝对书的兴趣。

妈妈发现宝宝有兴趣时，可以把书给宝宝，让其自己去翻。此时的宝宝还不会一页一页地翻，妈妈应指导他用双手去翻动，有触摸面的可以让宝宝用手指去触摸，并告诉宝宝这是什么样的感受。

宝宝喜欢色彩鲜艳的东西，妈妈把书拿给宝宝看，宝宝会紧盯着书中的色彩。妈妈可以告诉宝宝这是什么东西，是什么颜色的，然后帮助宝宝一页一页地翻书。翻书游戏可以锻炼宝宝手指、手腕的灵活性。

爱学习的好宝宝

开启宝宝的模仿能力

模仿是宝宝学习的一种特殊形式。宝宝通过观察、模仿成人的语言、动作等，可以学习到一些规则，然后内化于自己的行为中。游戏方法如下：

① 妈妈把宝宝抱在怀中，说："小脑袋摇一摇。"说的同时做摇头的动作，并鼓励宝宝模仿妈妈的动作。

② 妈妈说："小眼睛眨一眨。"同时做眨眼睛的动作，并鼓励宝宝模仿。

③ 妈妈说："小舌头伸一伸。"说的同时做伸舌头的动作，并鼓励宝宝模仿妈妈的动作。

（二）体能训练

现在，宝宝的爬行本领已经很棒，有时候甚至还可以扶着物体站起来。这个月，爸爸妈妈要加强对宝宝的动作训练，使宝宝的四肢得到充分的锻炼。

动作训练

锻炼宝宝四肢的能力

此时有些宝宝爬行时腹部依然不能离开床面，爸爸妈妈可用手或悬吊的毛巾将宝宝的腹部托起，使宝宝的重心落在手和膝上，让宝宝在爬行的过程中学会手膝并用。等宝宝学会了用手和膝盖爬行，可训练宝宝学习手足爬行。让宝宝趴在床上，用双手抱住宝宝的腰，抬高宝宝的小屁股，使宝宝的膝盖离开床面，小腿蹬直，两条小胳膊支撑着。轻轻用力地将宝宝的身体前后晃动几十秒，然后放下。慢慢训练，宝宝就会做手足爬行了。通过游戏锻炼宝宝的四肢，增强小脑的平衡与反应能力，有助于宝宝日后学习语言和开展阅读。

青蛙蹦跳

为行走打好根基

爸爸妈妈可以和宝宝一起做"小青蛙蹦蹦跳"的游戏。这个游戏的方法如下：

①妈妈从背后托住宝宝的腋下，让宝宝伴随着儿歌开始蹦跳。

②妈妈可教宝宝儿歌："一只青蛙一张嘴，两只眼睛四条腿，……"

③当唱到"扑通一声"时，将宝宝举起，让其腿部自然地做弹跳动作两次。

继续爬行
体能良好的发育

爬行无论是对宝宝的智力还是体能的发育都有很大的促进作用，所以无论如何在这个时期都要让宝宝多多练习爬行。这个月宝宝爬行的能力大大地增强了，爬得又快又好，并且说爬就爬、说坐就坐，动作可麻利了。

只是宝宝遇到障碍物还不知道绕路，这样也可锻炼宝宝"翻山越岭"的能力。

这个游戏能增强宝宝的独立运动意识，锻炼宝宝的全身协调能力。

飞翔的鸟儿
提升宝宝的运动能力

妈妈可以和宝宝一起做"飞翔的鸟儿"这个游戏，游戏方法如下：

①妈妈慢慢地转换动作，使宝宝俯卧在自己手臂上，接着可以抬高、放低手臂，让宝宝感觉像在飞一样。

②妈妈一手放在宝宝胸前，一手托住宝宝臀部，将宝宝抱在怀中，使其面向外。

这个游戏可刺激宝宝的前庭器官，促进宝宝的运动能力、平衡能力和身体控制能力，同时身体的接触，会促进亲子的情感交流。

下坡爬行

体能良好的发育

提示：下坡爬行对宝宝来说相对简单。宝宝练习此动作时，妈妈可在宝宝前面放一个玩具，吸引宝宝向前爬行。时间：2～3分钟。

①将宝宝放在斜面上，协助做好手膝爬行的姿势，同时发出蹬腿口令。

②一般宝宝在稍停后会做出双腿蹬的动作，使自己手膝交替前进。

后滚翻

提升宝宝的运动能力

提示：宝宝头部必须正直，歪斜时不能做。时间：5分钟。

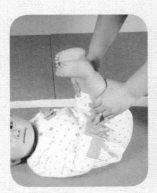  

①宝宝仰卧。将婴儿手臂弯曲，妈妈抬起宝宝双腿，帮助宝宝团身。

②妈妈托起婴儿的大腿帮助婴儿翻臀部、团身，接着向上提。

③向前（对宝宝来讲是向后）推手，帮助宝宝完成后滚翻。

Chapter 5

10 ～ 12 月：学走路，学说话

10 ～ 12 个月，宝宝生长的速度开始逐渐加快，
现在的我能熟练地爬行，还能牵着妈妈的手走路，
会在妈妈的要求下做诸如"拜拜"的动作，
还会说"爸爸""妈妈""抱抱"等简单的发音，
不过，这些简单的发音还远远不能表达我的交流需求，
我迫切地需要练习发音、学说话，
妈妈除了继续训练我学习走路之外，
还要多多跟我说话，教我发音，
让我尽快掌握"语言"这个最快捷、方便的交流工具。

1 宝宝的成长发育 ·····················

（一）宝宝不同月份的身体发育指标

妈妈带宝宝去体检，医生给宝宝量了身高和头围，称了体重，说宝宝发育得很好，妈妈心里很高兴。10 ~ 12 个月龄的宝宝身体发育的差异化可能会比较大，爸爸妈妈不要太担心。现在，就一起来看看这几个月宝宝的各项身体发育指标吧。

表 5-1：10 月份宝宝身体发育指标

出生时	男宝宝	女宝宝
身高	平均 73.9 厘米（68.9 ~ 78.9 厘米）	平均 72.5 厘米（67.7 ~ 77.3 厘米）
体重	平均 9.5 千克（7.5 ~ 11.5 千克）	平均 8.9 千克（7.1 ~ 10.7 千克）
头围	平均 45.8 厘米（43.2 ~ 48.4 厘米）	平均 44.8 厘米（42.4 ~ 47.2 厘米）
胸围	平均 45.9 厘米（41.9 ~ 49.9 厘米）	平均 44.7 厘米（40.7 ~ 48.7 厘米）

表 5-2：11 月份宝宝身体发育指标

出生时	男宝宝	女宝宝
身高	平均 75.3 厘米（70.1 ~ 80.5 厘米）	平均 74.0 厘米（68.8 ~ 79.2 厘米）
体重	平均 9.8 千克（7.7 ~ 11.9 千克）	平均 9.2 千克（7.2 ~ 11.2 千克）
头围	平均 46.3 厘米（43.7 ~ 48.9 厘米）	平均 45.2 厘米（42.6 ~ 47.8 厘米）
胸围	平均 46.2 厘米（42.2 ~ 50.2 厘米）	平均 45.1 厘米（41.1 ~ 49.1 厘米）

表 5-3：12 月份宝宝身体发育指标

出生时	男宝宝	女宝宝
身高	平均 77.3 厘米（71.9 ~ 82.7 厘米）	平均 75.9 厘米（70.3 ~ 81.5 厘米）
体重	平均 10.1 千克（8.0 ~ 12.2 千克）	平均 9.4 千克（7.6 ~ 11.2 千克）
头围	平均 46.5 厘米（43.9 ~ 49.1 厘米）	平均 45.4 厘米（43.0 ~ 47.8 厘米）
胸围	平均 46.5 厘米（42.5 ~ 50.5 厘米）	平均 45.4 厘米（41.4 ~ 49.4 厘米）

（二）宝宝成长备忘录

宝宝除了能像上个月那样坐、爬之外，还能扶着物体站立了，有时候甚至还能横着走两步。这一切都表明宝宝的手脚协调能力、腿部肌肉力量和运动技巧有了很大的进步。宝宝在接下来还会带给爸爸妈妈怎样的惊喜呢？

1 宝宝的小手更加灵活

宝宝的手指会用拇指和食指汤匙进食——虽然说确，食物也洒落后还是会有一送到嘴里去。得喜欢多动，么东西都忍小手摸一下，妈要加倍看护，东西能摸，什么东西捏起很小的物体；能够自己拿拿汤匙的姿势不太正得到处都是，最点的食物被宝宝的手变只要看到什不住往前用提醒爸爸妈引导宝宝什么不可以摸。

2 已经学会观察声色

如果妈妈在笑、称赞宝宝，他会知道自己能这么做；一旦妈妈面色严肃，用指责的话语来阻挡宝宝，这样宝宝会更加清楚这件事是不可做的。因此，日常生活中，爸爸妈妈要学会用表情引领宝宝纠正不正确的行为。

3 培养宝宝的求知欲望

这个时期应该给宝宝看图画、册子，教他识别新的事物，他都会有表现出好奇的反应。爸爸妈妈可以利用宝宝的这些特征加强对其智力开发，可以选择跟宝宝一起做益智游戏，提高宝宝的思考能力。

4 提升宝宝的语言学习能力

这个月，宝宝应该开始进入语言学习能力的阶段，爸爸妈妈要把握这个时间段，在生活中让宝宝张口说话，多锻炼宝宝的说话能力，这样对宝宝的语言训练很有帮助。

5 开始有了短暂的记忆力

宝宝对事情、物体的记忆力已经可以达到 24 小时以上，对于较为深刻的人或物，也可以延迟记忆几天。如果妈妈出差几天回来，宝宝还是会熟悉妈妈的样子和味道，妈妈回来以后会张开双臂让妈妈抱住。宝宝对于不愉快的记忆还是会比较深刻，比如打针，看到白大褂就会开始哭闹。

6 开始迈开学步

这个时期的宝宝运动的能力又有了明显的提高，有的宝宝能够不扶东西就能站起来了，有的能扶着东西向前迈几步，如果妈妈领着则能走很长时间。这个时期，宝宝学走路的意愿很强烈，如果妈妈抱着，他会要求下地走路。如果坐在学步车上，他就会在学步车的帮助下到处乱走。不过，不太建议宝宝使用学步车，一来它会限制宝宝的运动能力发展，二来学步车让宝宝的活动范围更大，加上这个时期的宝宝好奇心又强，不让摸的东西偏偏要去摸，不让吃的东西偏要吃，妈妈稍微不注意就可能会有危险的事情发生。

7 开始有意识地叫爸妈

宝宝七八个月时，已经开始发出"baba"、"mama"等音，但是那是无意识的。但到了本月，宝宝已经开始能有意识地叫爸爸、妈妈了。这是一个突破性的进步。在这段时期，爸爸妈妈要多跟宝宝说话，鼓励宝宝开口说话，为宝宝创造一个良好的说话环境。

8 喜欢到外面玩

宝宝玩的能力也会增强，不但喜欢和家人玩，还喜欢到外面跟别的小宝宝一起玩。基本上在家里待上一段时间之后，宝宝就会用小手指着大门要求到外面去玩。

② 宝宝的日常护理 ·····················

（一）解救宝宝 "恋母情结"

宝宝和妈妈的关系最亲，时刻都吵着让妈妈抱，每当妈妈出去买菜的时候，负责照顾宝宝的爸爸就比较容易紧张，因为宝宝时常前一阵还玩得好好的，突然想起妈妈没有在身边就哭闹着要找妈妈，爸爸怎么哄也哄不住宝宝，在生活中这样的例子太多了。宝宝依恋妈妈，虽说方便妈妈对宝宝的照顾，对宝宝将来的性格发育也大有益处，但是一旦宝宝对妈妈的依赖过度，就会变为一种恋母情结，这样未必是一件好事情了。

1 注意宝宝的自身能力培养

如果过于依赖妈妈，这样对宝宝自理能力的发展会有不好影响。妈妈若稍微不注意对宝宝自理能力的锻炼，就会加深宝宝对妈妈的过分依赖，还会让宝宝产生 "恋母情结"，对宝宝的心理造成障碍。为了不让这种情况发生，妈妈应该在宝宝具备自理能力的时候，在日常生活中训练宝宝的自我动手能力，尝试着让宝宝用勺子吃饭，让宝宝学会独自睡觉等。

2 开拓宝宝的交际圈

如果宝宝经常只由妈妈带着，这样生活中宝宝每天只会和妈妈打交道，变得离不开妈妈，从而对其他人产生抗拒的心理。所以说妈妈一定要学会扩大宝宝交际范围，带着宝宝多接触新的陌生面孔，这样可以培养宝宝的交际能力，还能转移宝宝对妈妈的过度依恋。

（二）宝宝开始不愿意总呆在家里

宝宝 10 个月大的时候就已经不怎么喜欢待在家里了，尤其是在家里人大多都出去的情况下，宝宝就会吵闹着要出去走走，宝宝玩上一会儿就会不停望向大门的方向，并且手指也会有相应地指到外面，如果妈妈想要拖延时间等一下再带宝宝出去，宝宝会用哭的方式来发泄自己的情绪，这样妈妈也不得不让步而带宝宝出去玩。

1 宝宝不愿呆在家里的原因

一般来说，这个月龄的宝宝一般都会喜欢吵着要出去玩，家里的生活比较枯燥，宝宝在家已经开始感到无聊，吵闹着要出去；爸爸妈妈有时候也会过一段时间就带宝宝出去走走，如果突然有一天很长时间不带宝宝出去玩玩，宝宝一旦在家里待的时间过长了，就会吵闹着一定要出去；爸爸妈妈喜欢带着宝宝在外面玩，宝宝就习惯出去玩了，回到家中就像被关进了笼子里，就会不自在，老是想着出去。

2 爸爸妈妈怎样做才合理？

首先，爸爸妈妈有时间应该多带宝宝出去，不能让宝宝总待在家里。

其次，外出活动的时间不适宜过长，否则宝宝就会比较容易玩得过头而不想回家，因此需要有计划地安排宝宝一天的生活，出去玩的时间应该适当。宝宝的生活开始有规律，就不会老闹着出去。

最后，在家里给宝宝打造一个有趣的活动空间，爸爸妈妈也可以为宝宝买一些他喜爱的玩具、色彩斑斓的图书等，还可以亲自为宝宝制作玩具，让宝宝体验一下制作过程的乐趣。

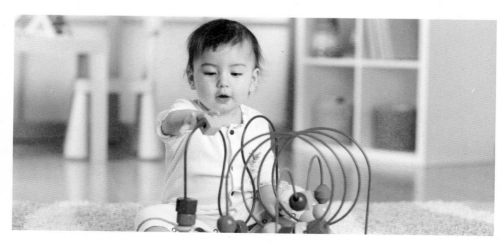

（三）宝宝开启对蚊虫的抵御大战

夏季到了，宝宝可以卸下武装，不用穿那么多衣服，手脚也舒展很多。不过，新的大麻烦马上就来了：蚊子爱上皮肤娇嫩的宝宝，往宝宝身上一叮就会出现一个大大的包，宝宝被蚊子叮咬了之后又非常喜欢去抓，这下子妈妈就着急了。

夏季，蚊虫叮咬是家常便饭，这或许对于大人并没什么，但宝宝皮肤娇嫩，表皮面比较薄，被蚊虫叮咬之后就会出现比较明显的反应。假如宝宝手没有洗干净，因为痒而抓破皮肤就会出现感染的现象。如果宝宝是过敏体质的话，还会引起荨麻疹。

1 宝宝被蚊虫叮咬以后的明显症状

蚊虫叮咬以后常常还会引起皮炎，亦会出现水疱；咬伤中央的位置可找到刺吮点，就像针头大小的暗红色的淤点；宝宝常常会因此感到奇痒而哭闹，个别严重的话，可于眼睑处出现明显红肿，甚至发热。

2 学会做好护理工作

宝宝被蚊虫叮咬后，妈妈可以这样做：

止痒消炎：最先是止痒，可于叮咬处涂虫咬水。但对于继发性感染的宝宝，最好局部用硼酸水进行擦洗，再内服抗生素消炎，然后涂抹红霉素软膏。假如发生风团样的荨麻疹，应该要尽快就医。

预防抓挠：如果发现宝宝手指不干净，由于瘙痒而抓破局部皮肤，就会出现继发感染。对此，爸爸妈妈要经常给宝宝洗手，并注意搔抓叮咬的地方。

3 掌握要点，把防蚊虫的工作做到位

要做好防蚊虫的工作，妈妈要注意以下几点：

NO.1	NO.2	NO.3
需要经常给宝宝洗澡，汗味会引发蚊虫叮咬，在洗澡水中可加入花露水。在室外要擦防蚊水。	晚上睡觉的时候可以选用蚊帐，窗户也要安装纱窗，以防蚊虫进入叮咬宝宝。	蚊虫经常叮人的时间段，分别是黄昏后、黎明前，要记住在此时给宝宝穿上长衣长裤。

（四）改变宝宝爱咬人的不良习惯

11个月大的宝宝喜欢咬人。妈妈带宝宝去朋友家玩，朋友的小孩刚好也差不多大，两个人刚开始还挺亲密地一起摆弄玩具，忽然只听到朋友家的小孩发出尖锐的哭声，原来宝宝咬了朋友家小孩一口。朋友抚摸着自己的小孩红红的小伤口，心疼极了。一旁宝宝的妈妈既尴尬又内疚。

1 宝宝为什么会开始咬人？

11个月大的宝宝有时会冷不防地咬别人一口，这种现象是很正常的，因为这一时期的宝宝正处于生理发育的高峰期，常常会因为出牙牙龈痒而引发咬人的行为，并非宝宝有攻击他人的倾向。

了解一下11个月大的宝宝生长发育规律就可以发现，宝宝这一时期的情感逐渐发展，情绪变化大，容易冲动，又加之宝宝的语言发育尚不够完善，不能准确表达自己的需求，大人也就无法及时满足其要求，所以宝宝常常出现特殊的行为。

另外，我们从心理学角度来看，11个月大的宝宝喜欢吮指甚至咬人等，是因为宝宝正处于心理发育的口欲敏感期，啃咬会使宝宝产生快感，获得心理满足。

2 怎么缓解宝宝的啃咬行为？

妈妈这样做，可以有效缓解宝宝的啃咬行为：

NO.1 学着让宝宝尝试疼痛

在宝宝咬人之后，妈妈可将宝宝的小手放在自己的牙齿上，轻轻咬一下，让宝宝自己感觉被咬的疼痛。

NO.2 必须制止咬人行为

宝宝咬人的时候，爸爸妈妈要制止宝宝的行为，告诉宝宝这样做是不对的，并正确引导宝宝该怎么做。

NO.3 转移宝宝的注意力

爸爸妈妈要重视宝宝的咬人行为，用宝宝感兴趣的事物转移宝宝的注意力。

NO.4 父母不需要有夸张反应

宝宝咬人后不要过度责怪他，被他咬时也不要有夸张的反应，否则会强化他的行为，加重其咬人情况。

（五）为宝宝选择一双鞋子

10～12个月大的宝宝差不多已经可以独自站立，在妈妈的引导下学习走路。这个时候，为宝宝选择一双合适的鞋子就非常重要了。那么，怎样给宝宝选择一双舒适的鞋子呢？下面一起来看看吧！

1 不同的时期应该选择不同的鞋子

刚开始学会走路的宝宝，穿的鞋子一定要轻，鞋帮要稍微高一些，能够护住踝部；等会走以后，就可以穿硬底鞋，但不可以穿硬皮底鞋，以胶底、布底、牛筋底等行走舒适的鞋为适宜。

2 选择鞋子大小非常关键

因为宝宝的脚长得很快，有的爸爸妈妈特意给宝宝稍微买大尺码的童鞋，为的是让宝宝多穿些时间。这种做法不正确的，因为小脚在大鞋中得不到相应的固定，这样容易引起足内翻或足外翻畸形发育，也会影响以后走路的姿势。如果宝宝鞋子过小，也会对宝宝的脚部发育造成一定的影响。

建议爸爸妈妈应该给宝宝选择大小合适的鞋子。通常情况下以宝宝的脚长再加上1厘米所得的数值为选购童鞋的内长，如果宝宝的脚要是大一些、厚实一点的话，就要多加 0.5～1 厘米。

3 宽头鞋子，这样才方便穿脱

宝宝比较适合穿宽头鞋，这样可以避免脚趾在鞋中相互挤压影响脚部的生长发育。鞋子最好用魔法贴，不用系鞋带，这样穿脱会更加方便，不会因为鞋带脱落而踩上跌跤。

4 根据时间来进行换鞋

这一时期，宝宝的小脚生长速度很快，一般来说3～4个月就要换新鞋。妈妈最好是每隔大约2个星期就注意观察一下宝宝的鞋子是否过小了。妈妈也可以伸手摸摸看大脚趾离鞋面是否还有 0.5～1 厘米的距离，这样宝宝每次在迈开步伐向前走的时候，大脚趾才能有足够的空间往前伸展。

（六）让宝宝迈出人生第一步

　　刚让宝宝学习走路的时候，妈妈真是费尽心思，好像宝宝很害怕摔倒一样，不怎么敢迈开脚步。于是妈妈想了一个办法：拿着宝宝最喜欢的玩具在前面引领他，经过几次反复练习，宝宝就会想要玩具而向前迈上几步。

　　学习走路，是宝宝成长过程中一个必须经历的过程。当宝宝的肢体运动日益增强，在翻身、坐、爬行、站立一系列动作完成之后，走路自然就成了宝宝接下来要学习的一项重要肢体运动。

1　掌握宝宝学习走路的最好时期

　　宝宝学习走路是一个循序渐进的过程，通常来说，宝宝会在 11 个月的时候开始学走路。关于什么时候是宝宝学习走路的最好时候，爸爸妈妈可以依据自己宝宝的成长情况来发现。如果宝宝最开始学习走路的时候，自己扶着支撑物（支撑物可以选择是爸爸妈妈的手、墙、窗台、桌子、床等）站起的，然后在支撑物的帮助下开始拖着脚往前面走，慢慢地，宝宝通过扶着支撑物可以越走越快。接着，宝宝可以完全不用支撑物也可以站立一小会儿，但是这个时候还应该让宝宝扶着支撑物学会行走。当宝宝离开支撑物，也能够独立地蹲下、站起，并且还能保持身体平衡的时候，才是真正到了宝宝开始学习走路的最佳时机。

　　现在非常值得注意的是，宝宝在蹲下、站起并且能保持身体平衡的时候，一定需要有足够的腿部力量进行支撑。对此，爸爸妈妈在宝宝学习走路前应该要有意识地锻炼一下宝宝的腿部肌肉力量。

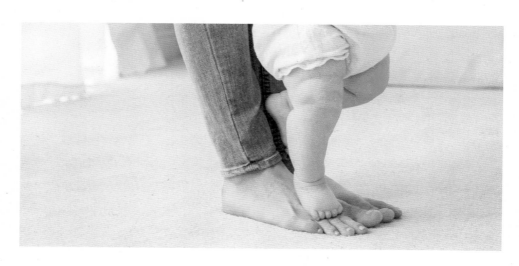

2 想为宝宝穿上学步装

背带装就是宝宝学习走路时的最好选择。背带装的两条带子一定要有松紧性，且可以自行调节。建议学习走路初期最好可以让宝宝尝试光脚走路，光脚行走可以调节人体的许多功能，能够使脚底肌肉受到摩擦，改善血液循环和新陈代谢，增强人体对外界环境的适应能力，还能防止幼儿扁平足的发生。

如果怕宝宝的脚冷，可选择给宝宝穿一双宽松的棉布袜；如果是去室外，也可穿一双由软皮制成的鞋子，这样可保护宝宝的脚底，也不会对其脚部肌肉的发育有任何不良影响。鞋要买得稍微大一些，这样宝宝的脚就能够在宽松的鞋子中健康地生长。

当宝宝开始独立迈开步伐的时候，就要为宝宝备好鞋子。在准备鞋子的时候应该要注意，为了能利于宝宝脚的生长，鞋子的长度应比宝宝实际的脚长多出1厘米。爸爸妈妈也要注意经常检查宝宝的鞋子是否合脚，通常2～3个月就应该给宝宝换一双新鞋。

3 营养健康很重要

营养在宝宝的成长发育过程中占据着非常重要的地位。合理的营养为宝宝的身体增添活力，宝宝的肌肉发育良好，脚步才能迈得开。每天宝宝一定要喝到一定分量的奶制品，而品种多样化的副食品则会给宝宝带来更多营养素，精心为宝宝准备好每一餐是爸爸妈妈应该做到的责任。

有了充足的营养，身体健康的宝宝自然也会发育得更好，学习走路起来也会比经常生病的宝宝要快。宝宝一旦生病，身体就会虚弱而需要休息，当然就会使得一些动作发展稍微延后。爸爸妈妈一定要好好照顾宝宝，别让他老生病。

4 学习走路时安全要注重

学习走路的宝宝比学习爬行的宝宝更加容易受伤，膝盖、手肘容易因为身体失去平衡接触地面摩擦而受伤，头部也会因为撞击而"长"出包包，这些部位需要爸妈特别保护。

当宝宝开始学习走路时就不要让宝宝远离你的视线；避开湿滑的地面，注意路上的障碍物；特别小心家具的边边角角；不得让宝宝单独进入厨房；也别让抽水马桶成为宝宝喜爱的玩具；尖锐物品、器具要放置到宝宝触摸不着的地方，药品也要及时藏好；桌布上不要放置任何物品，以免宝宝玩耍时被拉下的物品砸伤；烫手的食物也不要让宝宝触碰到；注意在宝宝行走的时候不要喂他食物，以免呛到喉咙……

只要爸爸妈妈和宝宝一起努力，宝宝肯定能够迈开脚步，用自己的双脚去体会这个精彩的世界。

5 学会用小工具引领宝宝走路

妈妈可利用下列小工具教会宝宝学走路：

扶家具和扶墙行走：千万不要小瞧宝宝扶着墙或扶家具慢慢移动身体的动作，它可是宝宝行走的开始。虽说独自站立还不稳，但是只要通过脚步的挪移以及在手脚和身体的配合下，宝宝的平衡感就会得到不断提升。

学步小推车行走：用学步小推车是锻炼宝宝行走的一个好方法。让宝宝站在小推车的后面，然后两只小手抓紧，刚开始爸爸妈妈可以减慢学步车的前进速度，等到宝宝逐渐熟练以后，就可以完全放手让宝宝自己推小车了。

6 给宝宝找个"小伙伴"

学习走路的时候，爸爸妈妈开始可牵着宝宝的手，让宝宝看看能够移动的玩具、听着玩具所发出的声音，这样能够帮助宝宝克服刚开始走路的害怕心理，使得宝宝快乐地学习走路。宝宝有时候会提出拉着玩具一起走的要求，这个时候宝宝虽然看不见玩具但能够听见拖拉玩具的声音，因此依然会非常高兴地向前走甚至跑。当走路的技能提高后，宝宝还会拉着玩具向后退着走。

7 爸爸妈妈亲自教宝宝学习走路

宝宝学习走路的过程中，爸爸妈妈的帮助会起到很大的作用，不管是语言鼓励还是实际的辅助。

教宝宝走路的时候，给宝宝鼓励是非常重要的，爸爸妈妈可以通过语言来给宝宝信心，让宝宝不再胆小，勇敢向前迈步。你可以试着用"妈妈在这里等着你"、"宝宝，你做得真好"等言语来激励他，或者用拍手称赞他做得很好。

（七）帮宝宝放下奶瓶

宝宝学会用杯子喝水都是迟早的事情，因人而异。要注意的是，当宝宝已经能够走路、讲话、自己动手吃饭时，就应该让其逐渐学习使用水杯了。

1 锻炼一下宝宝用水杯喝水的习惯

吃饭的时候如果宝宝感到口渴，可以让他先用水杯喝水，然后再使用奶瓶。一旦宝宝习惯新的喝水方式，你就可以让他完全脱离奶瓶。中饭的时间通常是改变宝宝饮水习惯的最好时期，宝宝一般在这个时候会比较活跃。过了中午，宝宝对奶瓶的依赖心理就会渐渐增强，妈妈不要选择在晚上临睡之前纠正宝宝的喝水习惯。

此外，如果在奶瓶中倒进白开水，而在水杯中放入宝宝喜爱喝的饮料，在这种情况下，宝宝当然也会选择水杯，而不是奶瓶。

2 减少使用奶瓶的频率

限制宝宝使用奶瓶的时间、地点和频率。一天只给宝宝使用 2 次奶瓶，中餐的点心或饮料则放在杯子。另外，不允许宝宝带着奶瓶爬行、走路。宝宝只能在特定场合，如坐在爸爸妈妈腿上的时候才能使用奶瓶，万一宝宝想要溜下去而奶瓶中仍然有剩余物时，可以将奶瓶冷藏起来不给宝宝喝。

3 可以利用宝宝的好奇心理

当你的宝宝索要奶瓶的时候，可以用玩具或游戏来分散他的注意力。爸爸妈妈可以在宝宝面前用水杯喝水，这样给宝宝做出示范，宝宝也会学着模仿爸爸妈妈的动作。

4 给宝宝多一点关爱

宝宝终于抵挡不住爸爸妈妈的关爱而放弃再用奶瓶，这还是有一个过程的。想要让宝宝完全放弃奶瓶还有一定的难度，但在爸爸妈妈的照顾下，宝宝也会渐渐减少对奶瓶的依赖程度。

（八）正确引领宝宝开口说话

在说话方面，宝宝表现得还是不错的，如今他已经会叫很多人了，如"爸爸"、"妈妈"、"奶奶"、"爷爷"等，不过有个比较有难度的称呼他至今还未能完全学会，那就是"阿姨"。每次宝宝都是从牙缝里一时半会挤出半个"阿"字，然后迅速地接到"姨"这个字上，虽然叫得不是那么标准，但是阿姨还是很高兴。这个月，妈妈要采取怎样的方法来引导宝宝开口说话呢？

1 创造说话的空间

宝宝的语言能力发展相差还是比较大的，这个并不一定是宝宝智力存在有差异，而是跟所处的环境及爸爸妈妈的教养方式有很密切的关系。有些爸爸妈妈对宝宝照顾太周全，时间久了，宝宝会因为没有说话的机会而不愿意开口说话。所以说，爸爸妈妈一定要主动给宝宝创造说话的空间。

2 父母勤于教好，让宝宝快乐学

宝宝已经能够听懂爸爸妈妈的话了，爸爸妈妈教宝宝说话的时候，一定学会要表情丰富，这样才能让宝宝看得清楚说话的口形、嘴的动作，还能加深他对语言、语调的感受，还能学会区别复杂的音调，宝宝渐渐也会模仿成人的发音。比如宝宝指着帽子需要戴帽的时候，就教他说"帽"、"帽子"、"戴帽子"等。

3 开导宝宝说话的兴趣

在生活中，妈妈可以随时教宝宝学说话，或是通过讲故事、玩游戏来教会宝宝学说话的方式。不要让宝宝枯燥地学习，那会很容易让宝宝失去学说话的兴趣。

4 给予宝宝"爱的鼓励"

在宝宝学习发音的时候，爸爸妈妈的语言更应该要做到准确到位，需要很有耐心地鼓励宝宝说话，不能急于求成。不管宝宝说的是对还是错，爸爸妈妈都不要去批评宝宝，更不能讥笑宝宝。

5 把宝宝视为大人一般的对话

爸爸妈妈要用正确的读音和宝宝说话，把宝宝视为大人一般，不要强化宝宝说的儿语也就是叠音字、儿话音，例如水水、饭饭、车车等。

6 爸妈要成为最忠实的听众

在宝宝说话的时候，常常语言不清，爸爸妈妈这个时候不要急于抢宝宝的话头，也不要争做宝宝的"代言人"，应该要很有兴趣地听宝宝把意思表达完整，这样宝宝渐渐地就会更加喜爱表达。

7 灵活运用技巧，因材施教

对于一些比较内向的宝宝，爸爸妈妈应该花点心思，耐心地引导宝宝开口。比如爸爸妈妈发现宝宝喜欢动物玩具的时候，就要给他买来一些动物绒毛玩具，有空多和宝宝一起玩；和宝宝一起游戏，如龟兔赛跑、小马过河等。爸爸妈妈可以不停地说"兔子跑、小马跑，宝宝跑不跑"，当宝宝能够反反复复听到"跑"以后，也就会慢慢开口说"跑"字了。

3 宝宝的喂养

（一）喂养要点

10 ~ 12 个月的时候，宝宝可以吃的食物更多啦。每次看到那些美味的食物，宝宝都会馋得流口水。在这些色香味俱全的美食的诱惑下，宝宝对母乳的依恋也在慢慢变淡。对于 10 ~ 12 个月大的宝宝，妈妈就要想办法，循序渐进地给他断奶了。除此之外，在喂养方面还需注意哪些问题呢？

1 逐渐改为一日三餐制

这一阶段，爸爸妈妈可以根据宝宝的饮食情况，逐渐改为一日三餐制。每天可以分早、中、晚三次喂宝宝吃辅食，基本与大人的进食时间同步；早晨先给宝宝吃母乳或者配方奶，然后适量给宝宝吃点辅食，中午在大人进餐时间喂第二次辅食，午睡前或者午睡后给宝宝吃一次奶。晚餐时间仍然给宝宝喂辅食，睡觉前再喝一次奶。

2 及时补充水分

许多宝宝可能不爱喝白开水，但妈妈应该知道：任何饮料都不能代替水。所以，平时还是想办法喂宝宝喝些水吧。母乳喂养的宝宝，每天应喝 30 ~ 80 毫升水；人工喂养的宝宝，每天应喝 100 ~ 150 毫升水。

对于不爱喝水的宝宝，妈妈可以试着让宝宝拿着奶瓶喝水。要知道宝宝都很喜欢自己做事，将喝水的任务交给宝宝自己，妈妈在一旁看着，宝宝会喝下不少的水。

3 宝宝学习自己进餐的最佳时间

10 ~ 12 个月的宝宝总想自己动手，喜欢摆弄餐具，这正是训练宝宝自己进餐的好机会。

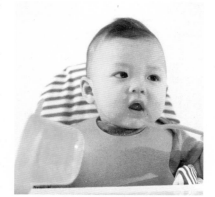

宝宝手指功能有很好的发展，此时宝宝拿取东西、抓握餐具、喂食的动作，基本上可以靠自己来完成。妈妈可以教宝宝用简单的餐具自己给自己喂食物啦。

需要提醒爸爸妈妈的是，宝宝学习自己进食的时候会搞得桌子上、地上到处都是饭菜，爱干净的爸爸妈妈往往会看不下去，一边跟在宝宝后面搞卫生，一边喂着宝宝，这是很不好的。要是总怕宝宝把这里或那里弄脏的话，就是不给宝宝自己学习独立进餐的机会，宝宝永远也学不会自己吃饭。

4 增强宝宝抵抗力的饮食方案

春天宝宝生长发育得最快，消化吸收功能也相应增强，进食量增加。但这个季节气温变化比较大，宝宝容易患病。因此，合理的饮食对于增强宝宝的抵抗力显得十分重要。

重视含钙饮食: 此时期宝宝的生长发育速度加快，导致宝宝所需要的钙也在增加。妈妈应该注意给宝宝补充含钙丰富的辅食，如奶制品、豆制品、骨头汤、芝麻等。

注重补充维生素: 春季阳气上升，宝宝会比较容易上火，出现皮肤干燥、齿龈出血、口角炎等不适症状，因此需要及时给宝宝补充维生素。新鲜蔬菜是为宝宝补充维生素的首选，如芹菜、菠菜、西红柿、小白菜、胡萝卜等。

5 夏季多吃含水分多的食物

宝宝的身体 70% ~ 80% 由水分构成，按照体重计算，宝宝的需水量约是成人的 3 倍左右，所以在夏季一定要让宝宝多吃水分多的食物。

NO.1 多吃水果

各种新鲜时令水果都含有丰富的水分和矿物质，具有较好的解暑作用，应当鼓励宝宝多吃水果。妈妈还可以制作新鲜的果汁或果泥，让宝宝吃到更多口味的水果。

NO.2 多喝粥汤

营养丰富的粥汤是宝宝很好的解暑饮料，其中尤以豆汤、豆粥对补充矿物质最有帮助。

NO.3 少喝冷饮

冷饮不能降低人的体温，相反，由于血管遇冷收缩，反而会降低身体散热的速度。同时，冷饮中含有大量糖分，因此可能会越喝越渴，建议妈妈们限制宝宝喝冷饮的量，每次只喝一点，并且应当在饭后1小时饮用。

6 坚持供应奶制品

宝宝快1岁了，开始从乳类为主食逐渐向正常饮食过渡，但这不等于完全断绝奶制品供应。即使已断了母乳，每天也应该给宝宝喝配方奶，要保证宝宝每天摄入400～500毫升配方奶，因为它不仅易消化，而且营养丰富，能提供给宝宝身体发育所需要的各种营养素。

7 断奶后要学会合理安排饮食

经常有宝宝断奶以后变瘦的情况发生，虽然说引起的原因很多，但是膳食安排不当也是最主要的原因。因此，需要探讨一下刚断奶的宝宝应该吃什么是很有必要的。

NO.1 食物要多样化

每种食物有着其特定的营养构成，因此，只有各种食物都加以品尝，才能保证机体摄入足够丰富的营养。不仅如此，每天总是吃着同样的食物，还会使得宝宝厌食，从而导致某些方面营养不足。因此，宝宝的食物一定要多样化。在主食上，除了吃米、面外，还要给宝宝补充一些豆类、薯类等。在副食方面，可以让宝宝适当吃些豆制品及各类绿叶蔬菜等。这样不仅可以给宝宝补充生长发育所需的各种营养素，还能增强宝宝的食欲。

NO.4 避免刺激性强的食物

对于刚断奶的宝宝，其味觉还不能完全适应刺激性的食物，其消化道也很难适应，为此，妈妈应该避免给宝宝吃辛、香、麻、辣等食物，调味品也应该杜绝。

NO.2 吃容易消化的食物

10～12个月的宝宝咀嚼能力和消化能力都很弱，吃粗糙的食物不易消化，易导致腹泻。因此，妈妈要注意给宝宝吃一些软、烂的食物。一般来说，主食可吃软面条、米粥、小馄饨等，副食可吃肉末、肉松、菜泥、蛋羹等。

NO.3 养成良好的卫生习惯

养成良好的卫生习惯对于刚断奶的宝宝来说也是十分重要的。母乳是卫生无菌的，并且拥有使机体免受侵害的免疫性物质，断奶的宝宝则失去了这些有利的条件。因此，断奶以后，妈妈一定要注意宝宝食物及食具的卫生，还要给宝宝准备一些单独的餐具，让宝宝使用消过毒的碗筷等。另外，也要培养宝宝的良好的卫生习惯，例如饭前、便后要洗手等。

8 10 个月宝宝的营养需求及一日饮食参考

宝宝的营养需求：这个阶段原则上继续沿用第 9 个月时的喂养方式，但可以把哺乳次数进一步降低为不少于 2 次。让宝宝进食更多样化的食物，可尝试全蛋、软饭和各种绿叶菜，既增加营养又锻炼咀嚼能力，同时仍要注意微量元素的摄入。

一日营养计划

上午	6:00 母乳或配方奶 250 毫升
	9:00 水果泥或蔬菜泥 150 克
	10:00 鸡蛋羹（可尝试全蛋）1 中碗，馒头片（面包片）30 克，果酱 20 克
下午	12:00 豆奶 120 毫升，小饼干 20 克
	15:00 虾仁小馄饨 80 克
	18:00 清蒸带鱼 25 克，土豆泥 50 克，米粥 25 克
晚上	21:00 母乳或配方奶 200 ～ 220 毫升
	鱼肝油：每天 1 次，每次 1 粒
	其他：保证饮用适量白开水

9 11 个月宝宝的营养需求及一日饮食参考

宝宝的营养需求：11 个月是宝宝身体生长较迅速的时期，需要更多的碳水化合物、脂肪和蛋白质。11 个月的宝宝普遍已长出了上、下、中切牙，能咬较硬的食物。相应地，这个阶段的哺喂也要逐步向幼儿方式过渡，餐数适当减少，每餐量增加。

一日营养计划

上午	6:00 母乳或配方奶 250 毫升
	9:00 馒头片 20 克，虾仁花菜 60 克，紫菜汤 80 克
	10:30 蛋糕 50 克
下午	12:00 软饭 35 克，萝卜鸡 100 克，豆奶 150 毫升
	15:00 水果 150 克
晚上	21:00 母乳或配方奶 250 毫升
	鱼肝油：每次 1 次，每次 1 粒
	其他：保证饮用适量白开水

10 12个月宝宝的营养需求及一日饮食参考

宝宝的营养需求：有些12个月的宝宝已经或即将断母乳了，食物结构会有较大的变化，乳品虽然仍是主要食物，但添加的食物已演变为一日三餐加两顿点心，提供总热量2/3以上的能量，成为宝宝的主要食物。这时食物的营养应该更全面和充分，除了瘦肉、蛋、鱼、豆浆外，还要有蔬菜和水果。食品要经常变换花样，巧妙搭配。

一日营养计划

上午	6:00 母乳或配方奶 250 毫升
	9:00 鲜肉小包子 30 克，豆奶 150 毫升
	10:30 蛋糕 50 克
下午	12:00 软饭 35 克，清烧鱼 120 克，菠菜汤 70 毫升
	15:00 水果 150 克
	18:00 番茄鸡蛋面 120 克
晚上	21:00 母乳或配方奶 250 毫升
	鱼肝油：每天 1 次，每次 1 粒
	其他：保证饮用适量白开水

（二）宝宝的食物需要多样化

无论是种类还是制作方法，宝宝的食物都要尽可能多样化。

1 谷类

添加辅食初期给宝宝制作的粥、米糊、汤面等都属于谷类食物，这类食物是最容易被宝宝接受和消化的食物，也是碳水化合物的主要来源。宝宝长到 10 ～ 12 个月时，牙齿已经萌出，这时在添加粥、米糊、汤面的基础上，可给宝宝一些帮助磨牙、能促进牙齿生长的饼干、烤馒头片、烤面包片等。

2 动物性食物及豆类

动物性食物主要指鸡蛋、肉、鱼、奶等，豆类指豆腐和豆制品，这些食物含蛋白质丰富，也是宝宝生长发育过程中必需的。动物的肝及血除了提供蛋白质外，还提供足量的铁，可以预防缺铁性贫血。

3 蔬菜和水果

蔬菜和水果富含宝宝生长发育所需的维生素和矿物质，如胡萝卜含有丰富的维生素 D、维生素 C，绿叶蔬菜含较多的 B 族维生素，橘子、苹果、西瓜富含维生素 C。对于 1 岁以内的宝宝，可通过鲜果汁、蔬菜水、菜泥、苹果泥、香蕉泥、胡萝卜泥、红心白薯泥、碎菜等摄入其所需营养素。

4 油脂和糖

宝宝胃容量小，所吃的食物量少，热能不足，所以应适当摄入油脂、糖等体积小、热能高的食物，但要注意不宜过量，油脂应是植物油而不是动物油。

（三）为宝宝留住食物中的营养

宝宝胃容量小, 进食量少, 但所需要的营养素相对比成人要多, 因此, 烹调方法讲究最大限度地保存食物中的营养素, 减少不必要的损失是很重要的。妈妈可从下列几点予以注意。

①蔬菜要新鲜, 先洗后切; 水果吃时再削皮, 以防维生素在空气中氧化。

②和捞米饭相比, 用容器蒸或焖米饭对维生素 B_1 和维生素 B_2 的保存率高。

③蔬菜最好大火急炒或慢火煮, 这样维生素 C 的损失少。

④合理使用调料, 如醋, 可起到保护蔬菜中 B 族维生素和维生素 C 的作用。

⑤在做鱼和炖排骨时, 加入适量醋, 可促使骨骼中的钙质在汤中溶解, 有利于人体吸收。

⑥少吃油炸食物, 因为高温对维生素有破坏作用。

247

（四）怎么给宝宝吃点心？

断奶后，宝宝尚不能一次消化许多食物，一天仅吃几餐饭，不能保证其生长发育所需的营养，除吃奶和已经添加过的辅食外，还应添加一些点心。给宝宝吃点心应该注意以下几个方面。

1 选一些易消化的米面食品作点心

此时宝宝的消化能力虽然已经大大进步，但与成人相比还有很大差距。因此，给宝宝吃的点心，要选择易消化的米面类。糯米做的点心不易消化，也易让宝宝噎着，最好不要给宝宝吃。

2 不选太咸、太甜、太油腻的点心

太咸、太甜、太油腻的点心不易消化，易加重宝宝肝、肾的负担。再者，甜食吃多了不仅会影响宝宝的食欲，也会大大增加宝宝患龋齿的概率。

3 不选存放时间过长的点心

有些含奶油、果酱、豆沙、肉末的点心存放时间过长，或制作过程中不注意卫生，会滋生细菌，容易引起宝宝肠胃感染、腹泻。

4 点心只作为正餐的补充

点心味道香甜，口感好，宝宝往往很喜欢吃，容易吃多了而减少其他食物的量，尤其是对正餐的兴趣。妈妈一定要掌握这一点，在两餐之间宝宝有饥饿感、想吃东西时，适当给宝宝加点点心，但如果加点心影响了宝宝的正常食欲，最好不要加或少加。

5 吃点心最好定时

点心也应该每天定时，不能随时都喂。比如，在饭后 1 ~ 2 小时适量吃些点心，是有利于宝宝健康的；吃点心也要有规律，比如，上午 10 点、下午 3 点，不能给宝宝吃耐饥的点心，否则，等到正餐时间，宝宝就不想吃了。

（五）11 个月的宝宝不能添加的辅食

有的妈妈可能会问，宝宝到了 11 个月已经算是个大小孩了，添加辅食也有半年时间了，是不是能随意添加食物了？答案是否定的，11 个月的宝宝，也有不宜添加的食物。

1 刺激性太强的食物

含有咖啡因及酒精的饮品，会影响神经系统的发育；汽水、清凉饮料容易造成宝宝食欲不振；辣椒、胡椒、大葱、大蒜、生姜、咖喱粉、酸菜等食物，极易损害宝宝娇嫩的口腔、食道、胃黏膜。

2 高糖、高脂类食物

饮料、巧克力、麦乳精、可乐、乳酸饮料等含糖太多的食物，油炸食品、肥肉等高脂类食物，都易导致宝宝肥胖。

3 不易消化的食物

如章鱼、墨鱼、竹笋、糯米制品等均不易消化。

4 太咸、太腻的食物

咸鱼、咸肉、咸菜及酱菜等食物太咸；酱油煮的小虾、肥肉及煎炒、油炸食品太腻，宝宝食后极易引起呕吐、消化不良。

5 小粒食物及带壳、有渣食物

花生米、黄豆、核桃仁、瓜子、鱼刺、虾的硬皮、排骨的骨渣等，都可能卡在宝宝的喉头或误入气管。

（六）如何烹调 12 个月大宝宝的辅食？

12 个月大的宝宝虽然可以接受大部分食物，但消化系统的功能尚未发育完善，所以仍需坚持合理烹调辅食。

1 辅食要安全、易消化

面食以发面为好，面条要软、烂；米应做成粥或软饭；肉菜要切成小丁；花生、板栗、核桃要制成泥、酱；鸡、鸭、鱼要去骨、去刺，切碎后再食用；水果类应去皮、去核后再喂。

2 烹调要科学

尽量保留食物中的营养，熬粥时不要放碱，否则会破坏食物中的水溶性维生素；油炸食物会大量破坏食物含的 B 族维生素；肉汤中含有脂溶性维生素，要做到既吃肉又喝汤，才会获得肉食的各种营养素。

3 可以适当吃些有"口感"的食物

妈妈平时可以煎些饼给宝宝吃，例如土豆饼、蔬菜饼等，做成宝宝喜欢的形状，会勾起他吃饭的欲望，而且饼不是流质食物，可以锻炼宝宝的咀嚼能力。但是需要注意的是，煎饼的时候不要下太多的油，不利于宝宝的健康。

（七）12 个月大的宝宝怎么吃水果？

宝宝 12 个月了，也就是 1 岁啦！对于好吃又健康的各类水果，这个月的宝宝应该如何更健康地食用呢？

1 水果能吃块状了

宝宝快满周岁的时候，还是会有妈妈把水果弄碎后再给宝宝吃，其实，给这个月龄的宝宝吃水果，一般只要切成块让宝宝自己拿着吃就可以了。此外，既新鲜又好吃的时令水果都可以试着给宝宝吃。

2 给宝宝吃无子水果

给宝宝吃带子的水果，像西红柿中的小子，做不到一个一个地都除去后给宝宝吃时，应尽量给宝宝切无子的部分；西瓜、葡萄等水果的子比较大，容易卡在宝宝的食管而造成危险，一定要去掉子后再给宝宝吃。

3 吃水果后宝宝大便异样不要惊慌

即使是在宝宝很健康的时候，给宝宝新添加一种水果（如红心火龙果）后，宝宝的大便中都可见到带颜色的、像是原样排出的东西，遇到这种情况，妈妈也不必惊慌，这是因为宝宝的肠道一下子还不能适应这些食物、不能把这些食物完全消化掉。

4 餐前餐后不宜吃水果

水果中有不少单糖物质，极易被小肠吸收，但若是积在胃中，就很容易形成胀气，以至引起便秘。所以，在饱餐之后不要马上给宝宝食用水果。而且，也不主张在餐前给宝宝吃，因为宝宝的胃容量还比较小，如果餐前食用，就会占据一定的空间，会影响正餐的摄入。

5 两餐之间或午睡醒来吃水果最佳

水果可在两餐之间或午睡醒来后食用，每次给宝宝的水果量为 50 ~ 100 克，并且要根据宝宝的年龄大小及消化能力，把水果制成利于消化吸收的形态，如 1 ~ 3 个月的宝宝可喝果汁，4 ~ 9 个月的宝宝可吃果泥，10 ~ 11 个月的宝宝可吃水果片，12 个月以后就可以吃水果块。

（八）断奶后怎么科学安排宝宝的饮食？

宝宝断奶后，饮食上有很大的改变。主食以谷类为主，另外要补充蛋白质和奶，要吃足量的水果和蔬菜，还要增加进餐的次数。

1 主食以谷类为主

每天吃米粥、软面条、麦片粥、软米饭或玉米粥中的任何一种 2 ～ 4 小碗（100 ～ 200 克）。此外，还应该适当给宝宝添加一些点心。

2 补充蛋白质和奶

断奶后的宝宝少了一种生长发育必不可少的优质蛋白质来源，牛奶是其最佳代替品，因此每天要喝牛奶，同时吃高蛋白的食物 25 ～ 30 克，可选以下任一种：鱼肉小半碗，小肉丸子 2 ～ 10 个，鸡蛋 1 个，炖豆腐小半碗。

3 吃足量的水果

把水果制作成果汁、果泥或果酱，也可切成小块。普通水果每天给半个到 1 个，草莓 2 ～ 10 个，瓜 1 ～ 3 块，香蕉 1 ～ 3 根，每天 50 ～ 100 克。

4 吃足量的蔬菜

把蔬菜制作成菜泥，或切成小块煮烂，每天大约半碗（50 ～ 100 克），与主食一起吃。

5 增加进餐次数

宝宝的胃很小，对热量和营养的需要却相对很大，不能一餐吃得太多，最好的方法是每天进 5 ～ 6 次餐。

6 品种丰富

宝宝的食物种类多种，这样才能得到丰富均衡的营养。注重食物的色、香、味，增强宝宝进食的兴趣。

（九）最好的方式还是让宝宝自然断奶

断奶是建立在成功添加辅食的基础上，适时、科学地给宝宝断奶对宝宝和妈妈的健康非常重要。

1 逐渐加大辅食的量

从10个月起，每天先给宝宝减掉一顿奶，添加辅食的量相应加大。过一周左右，如果妈妈感到乳房不太发胀，宝宝消化和吸收的情况也很好，可再减去一顿奶，并加大添加辅食的量，逐渐断奶。减奶最好先减去白天喂的那顿，因为白天有很多吸引宝宝的事情，他不会特别在意妈妈。但在清晨和晚间，宝宝会非常依恋妈妈，需要从吃奶中获得慰藉。断掉白天那顿后再逐渐停止夜间喂奶，直至过渡到完全断奶。

2 妈妈断奶的态度要果断

在断奶的过程中，妈妈既要使宝宝逐步适应饮食的改变，又要采取果断的态度，不要因宝宝一时哭闹就下不了决心，从而拖延断奶时间。而且，反复断奶会接二连三地刺激宝宝的心理健康有害，容易造成情绪不稳、夜惊、拒食，甚至为日后患心理疾病留下隐患。

3 不可采取生硬的方法

宝宝不仅把母乳作为食物，而且对母乳有一种特殊的感情，因为它给宝宝带来信任和安全感，所以即便是断奶态度要果断，也千万不可仓促、生硬的方法。这样只会使宝宝的情绪陷入一团糟，因缺乏安全感而大哭大闹，不愿进食，导致脾胃功能紊乱、食欲差、面黄肌瘦、夜卧不安，从而影响生长发育，使抗病能力下降。

4 注意抚慰宝宝的不安情绪

在断奶期间，宝宝会有不安的情绪，妈妈要格外关心和照顾，花较多的时间来陪伴宝宝。

5 宝宝生病期间不宜断奶

宝宝到了离乳月龄时，若恰逢生病、出牙，或是换保姆、搬家、旅行及妈妈要去上班等情况，最好先不要断奶，否则会增大断奶的难度。给宝宝断奶前，带他去医院做一次全面体格检查，宝宝身体状况好，消化能力正常才可以断奶。

6 切记强行断奶

10个月了，自怀孕起就全职在家的宝妈想重回工作岗位，便决定给宝宝断奶。为断奶成功，宝妈便将宝宝丢给公公婆婆照看，自己到外面旅游散心去了。1周后，宝宝虽然不吵闹吃母乳了，但是整个人却瘦了一圈，精神也萎靡了不少，这让宝妈既心痛又悔恨。

一般来说不建议强行断母乳，要让宝宝可以能接受用配方奶替代母乳，不能只能用辅食代替母乳，因为在这个年龄奶类对宝宝来说还是主食，以免造成给宝宝带来下列影响：

NO.1 爱哭，没有习惯

妈妈在准备给宝宝断奶的时候一定要注意，一定要提前做好准备，不要强行给宝宝断奶。否则，宝宝会由于没有习惯而产生母子分开的担心，可以表现在妈妈一开始离开宝宝，他就会不安分，哭着四处寻找妈妈。

NO.3 抵抗力变差，容易生病

妈妈在给宝宝断奶前如果没有做好充分的准备，还没有及时给宝宝添加多种丰富的辅食，很多宝宝会容易出现挑食的毛病，比如说只喝配方奶、米粥等，这样会严重影响宝宝的生长发育，也会导致宝宝抵抗力下降，容易生病。

NO.2 瘦弱，体重减轻

强行给宝宝断奶，这样会使得宝宝的情绪受到影响，加上宝宝还没有完全适应吃母乳之外的食物，就会引起宝宝的脾胃功能紊乱、食欲下降，每天摄入的营养没有办法满足宝宝身体正常发育的需求，就会出现面色发黄、体重减轻的症状。

7 断奶要掌握规律

自然断奶是对宝宝和妈妈都不会产生不良反应的断奶方式，不过，并不是所有的妈妈都能有耐心地等到宝宝自然断奶的那一天，而且有的妈妈没有打算长期哺乳。如果妈妈决定要给宝宝断奶，一定要事先做好准备，断奶要掌握规律，要有耐心，不要强行给宝宝断奶。

断奶需要准备包括以下几个方面：

NO.1 提高辅食的质量，营养均衡

辅食做得精细些，争取一日三餐用辅食替代，中间以母乳为助。这样一来，宝宝就逐渐不会那么依靠母乳。

NO.2 选择季节很重要

春秋两季是最适宜的断奶季节，天气温和宜人，食物种类也比较丰富。如果正处于炎热的夏季或寒冷的冬季，断奶的时间可以稍微适当往后面推迟一些。因为夏天实在太热，宝宝比较容易对食物过敏、拉肚子或得肠胃病；而冬天又太冷，宝宝已经习惯于温热的母乳，突然面临饮食的改变，会容易受凉而引起胃肠道不适。

NO.3 妈妈切记不可再主动喂奶

断奶期间，妈妈一定要控制住主动给宝宝喂奶的想法。假如宝宝要求吃奶，你就喂他，但千万不要提醒他要吃奶了，避免给他任何的提示。当宝宝出现身体不适的时候，主动给他喂奶依然是最好的解决方法。这样，你的断奶计划也会要往后推延一段时间。

NO.4 尽可能满足宝宝的需求

宝宝对爸爸妈妈会有各种各样的要求，比如我要和妈妈一起睡，讲解故事给我听……在幼年宝宝的这些要求应该得到充分满足，长大后他就会渐渐地走向自立。

断奶期间，爸爸妈妈要注意与宝宝的亲情交流，给予宝宝充分的关注，多跟宝宝在一起讲故事，这些活动上可以让宝宝和你共享美好的时光。

（十）锻炼宝宝独立进餐

有的宝宝不好好吃饭，一顿饭跑来跑去，喂他们吃饭就像老鹰抓小鸡；还有些宝宝偏食、挑食，喜欢吃的就吃很多，不喜欢吃的怎么劝也不吃一口。这些情况都很让妈妈头疼，事实上这大多是因为妈妈对宝宝过度溺爱、无原则地迁就、从小没有养成良好的饮食习惯造成的。

1 让宝宝自己吃饭

开始添加辅食时由妈妈拿勺喂，慢慢地宝宝能自己吃饭时，就不用喂了。自己吃饭不但能引起宝宝极大的兴趣，还能增强食欲。

2 让宝宝定点吃饭

要让宝宝坐在一个固定的位置吃饭，不能边吃边玩，也不能跑来跑去，否则会分散宝宝进食的注意力，进餐时间过长也会影响消化吸收。

3 饭前不能吃零食

如果宝宝的胃容量很小，消化能力有限，饭前吃零食会让宝宝在吃饭时没有饥饿感而不想吃饭。

4 不挑食，不偏食

如果宝宝不爱吃某种食物，妈妈千万不要呵斥和强迫，不妨给他讲道理或讲有关的童话故事（自己编的也行），让宝宝明白吃的好处和不吃的坏处。千万不要在饭桌上谈论自己不爱吃的菜，这对宝宝会有很大影响。

5 不暴饮暴食

喂食要适量，特别对食欲好的宝宝要有一定限制，否则会出现胃肠道疾病或者"吃伤了"，以后再也不吃了。

6 宝宝应该集中注意力吃饭

最开始给宝宝喂辅食的时候，应该选择在他处于精神状态和情绪都较好的时候进行。妈妈与宝宝面对面坐好，面容微笑地与宝宝进行交流、动作。注意不要用电视、玩具、故事书等吸引宝宝的注意力，要帮助宝宝养成专心进食的好习惯。

7 让宝宝享受吃饭

宝宝有的时候并不一定是想要吃饭，他的注意力集中在"自己吃"这个过程，爸爸妈妈如果只是为了对宝宝自己吃饭的技巧进行训练，可事先把宝宝喂饱，接下来让宝宝自己随意去体验使用餐具进食的乐趣。这个时候宝宝可能会把餐桌四周搞得一团乱，但别责怪宝宝这个学习的过程。应该让宝宝深深地体会到专心吃饭是一项比较有趣的活动。那么，就一起来看一下训练宝宝自己动手吃饭的方法吧。

（十一）如何训练宝宝自己用餐具吃饭？

宝宝六七个月时就已经开始吃"手抓饭"了，到了 10 个月时，宝宝手指比以前更灵活，大拇指和其他 4 个手指了，基本可以自己抓握东西、取东西，这时就应该让宝宝自己动手用简单的餐具进餐。其实，训练宝宝自己吃饭，并不如想象中的困难，只要妈妈多点耐心，多点包容，是很容易办到的。

1 汤匙、叉子

10 个月时，妈妈可以让宝宝试着使用婴幼儿专用的小汤匙来吃辅食。由于宝宝的手指灵活度还不是很好，所以，一开始多半会采取握姿，妈妈可以从旁协助。

如果宝宝不小心将汤匙摔在地上，妈妈也要耐心地引导，不可以严厉地指责宝宝，以免宝宝排斥学习。

2 碗

到了 10 个月左右，妈妈就可以准备底部宽广、轻轻的碗让宝宝试着使用。不过，由于宝宝的力气较小，所以装在碗里的东西最好不要超过 1/3，以免过重或溢出；为了避免宝宝烫伤，装的食物也不宜太热。拿碗时，只要让宝宝用双手握住碗两旁的把手就可以了。宝宝可能不懂一口一口地喝，妈妈们从旁协助，调整一次喝的量。

（十二）改正宝宝不爱蔬菜的坏习惯

爸爸妈妈可千万别忽略蔬菜，它对宝宝的成长发育可是很有帮助的呢。但是，很多宝宝不喜欢吃蔬菜或是不爱吃某一类蔬菜，可是他们的爸妈对此并不是很重视。这样，宝宝一旦养成这个不良的习惯，长大后就不太会那么简单接受蔬菜了，到时候爸爸妈妈再想要改正宝宝的这个坏习惯就更加难上加难了。

1 引导宝宝从小喜欢蔬菜

通常来说，宝宝在幼年的时候对食物的种类尝试得越多，成年后对生活的包容性就越大，对周围环境的适应能力也就越强。因此，在宝宝小的时候，爸爸妈妈就应该注意引导宝宝养成爱吃蔬菜的习惯。

2 爸妈做好榜样，正确指导宝宝

宝宝不喜欢吃蔬菜，爸爸妈妈应该加以引导。爸爸妈妈可以在生活中带头多吃点蔬菜，在宝宝面前表现出蔬菜很好吃的样子，并且一边跟宝宝说："今天的蔬菜很香，你也尝一口吧！"在爸爸妈妈的指导下，宝宝也会想尝一尝爸爸妈妈口中的美味蔬菜了。

3 经常跟蔬菜见面，喜欢上蔬菜

宝宝的味蕾对味道的敏感程度也较高，宝宝往往会不愿吃那些有着特殊味道的蔬菜，如韭菜、芹菜、胡萝卜、葱、姜等。但是只要爸爸妈妈不在宝宝面前说这些蔬菜很难吃，也不要抗拒让这些蔬菜上桌，并且可以让宝宝逐渐形成一种新的认识——其实这些蔬菜也是膳食中的一部分，伴随宝宝年龄的增长，他们也会渐渐接受这些食物。

4 利用蔬菜图册吸引宝宝，爱吃蔬菜

可以跟宝宝讲解有关蔬菜的图画故事，介绍蔬菜的特征，宝宝就会在心理上增加对蔬菜的好感，以后吃饭的时候便会喜欢上吃蔬菜了。比如，宝宝不喜欢吃胡萝卜，妈妈就可以在给宝宝吃胡萝卜之前，利用胡萝卜讲解故事给宝宝听，这样宝宝就会引起浓烈的兴趣，然后给宝宝看胡萝卜的可爱形状，爸爸妈妈随后端上餐桌，这个时候，小宝宝就会开开心心地品尝胡萝卜做的食物了。

（十三）改变宝宝不好的饮食习惯

11个月大的宝宝开始淘气了，整天像个小皮球似地动来动去。就算是吃饭，也喜欢边吃边玩，一顿饭常常需要妈妈或奶奶追着喂好一阵子才能勉强吃完。追着喂、边吃边玩等，这些都是不良的饮食习惯，妈妈要及时予以纠正。

1 饭送到嘴边时用手捂住嘴巴来拒绝

当宝宝不高兴、不爱吃或吃饱了的时候，妈妈再把饭送到宝宝面前，宝宝就会抬手打翻小勺或用手捂住嘴巴表示拒绝。遇到这种情况的时候，妈妈千万不要再把饭送到宝宝跟前了，应该马上把饭菜拿走。

2 用手抓住碗里的饭菜

这个时期的宝宝，应该让他多学习用勺子舀饭菜，而不是让他用手抓饭菜。当然，宝宝如果能用手拿着吃的，就让他用手拿着吃；不能用手拿着吃的，就让他使用餐具。

3 挑食

挑食是很常见的，什么都吃的宝宝并不太多，每个宝宝在饮食上都会有好恶。要慢慢培养宝宝养成不偏食的习惯，但是不能强迫宝宝吃他不爱吃的东西。

4 吐饭

从来不吐饭的宝宝突然开始吐饭了，首先要学会区分宝宝是不是故意把吃进去的饭菜吐出来，还是由于恶心才把吃进的饭菜吐出来。吐饭和呕吐不是一回事：把嘴里的饭菜吐出来，是吐饭；到胃里以后再吐出来的是呕吐。呕吐多是疾病导致的，吐饭多是宝宝不想吃了。如果宝宝把刚送进嘴里的饭菜吐出来，就不要再喂了。如果是呕吐，就需要带宝宝去看医生。

5 不会嚼固体食物

真正不太会嚼固体食物的宝宝并不是很多，主要在于是爸爸妈妈不敢喂，喂一点，宝宝噎了一下就放弃，因此宝宝总是学不会吃固体食物。爸爸妈妈需要大胆一些，慢慢训练宝宝嚼固体食物。

6 宝宝开始喜欢上大人的餐桌抓饭

宝宝都有上餐桌的兴趣，妈妈不能拒绝让宝宝上餐桌，但是要提醒注意不要让宝宝把饭菜抓翻，不要烫着宝宝的小手。妈妈也可以给宝宝明确说"不行"，但不要批评宝宝。有些妈妈习惯用打手的方式来惩罚宝宝，这个方法是不可取的。

7 满足宝宝自己吃饭的心愿

此时期宝宝经常吵着要自己吃饭，虽然会笨手笨脚，吃得不怎么干净，但爸爸妈妈应该尽量满足宝宝的这个愿望，这是提升宝宝独立能力的好时机。有些爸爸妈妈为了不想宝宝用手抓食物，就把玩具给宝宝玩，这种办法是很不正确的。这样做不仅错过了训练宝宝吃饭的好机会，还会让他养成把吃饭和玩耍混在一起的坏习惯。

8 对于不想吃饭的宝宝不要强塞饭

这个月，宝宝对原来喜爱的食物突然变得不喜欢了，出现这种起伏变化是很正常的，因此给宝宝准备食物时也要注意一下。有些爸爸妈妈担心宝宝吃得不够多，想尽一切办法能喂一口算一口。实际上，吃饱没吃饱，宝宝自己是知道的，如果他不想吃了，你虽然可以巧妙地再塞给他一口两口，却很容易倒了他本来的胃口，以致于以后都不喜欢吃了。所以，当他不肯再多吃或开始玩时，你只需要把食物拿开便是了。

9 尽可能地让宝宝多吃些

首先，要给他吃起来较方便的食物，否则会让他产生厌倦。其次，为了提高宝宝吃饭的兴趣，吃饭和玩耍的时间安排要有一定的技巧。吃饭前一段时间，玩耍不要太剧烈，时间也不可太长。最后，在宝宝没有吃饱之前，将可能转移其注意力的东西拿开，以便宝宝专心吃饭。有些宝宝吃顿饭需要花较长的时间，出现这种情况时，妈妈要注意观察个中原因。有些宝宝不愿意吃饭是因为他感到孤独，想跟大家待一起，他发现用这种不好好吃饭的方法能有效吸引大家的注意力。有的宝宝不怎么会咀嚼，总会停留在吃汤汁或糊状食物的水平上面，爸爸妈妈一定要教会宝宝咀嚼了。

4 应对不适症，妈妈有妙招·········

（一）发热：宝宝浑身都烫手

晚上睡觉的时候，宝宝怎么也睡不踏实。为此，妈妈十分郁闷："平时宝宝也不是这样啊，今天到底是怎么了？"爸爸说："该不会是今天练习走路出了太多的汗，不小心着凉了吧？"妈妈摸了摸宝宝的额头，额头很烫，再摸摸他的身上，也是滚烫滚烫的。"发热？那得赶快给他吃退热药。"但吃药又怕对宝宝有影响，那怎样才能不吃退热药让宝宝退热呢？

1 如何判断宝宝发热？

一般来说，宝宝的体温比成人的要略高一些。不同年龄阶段的宝宝，发热标准就不相同，但是总体来讲，肛门处温度为38℃，口腔内温度为37.8℃，耳内温度为37.5℃，腋下温度为37.2℃，超过上述指标时就可以认为是发热。测量宝宝的肛门温度最准确。平时在家给宝宝测量体温的时候，最好选择腋下或肛门进行测量，这样，在宝宝真正发热的时候才能进行清晰比较。

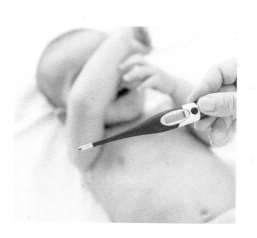

2 发热，有利还有弊？

宝宝发热临床主要表现为体温升高，伴面红耳赤、口干、便秘、尿黄等症状，且多伴有急慢性疾病，慢性病多见低热或潮热，来势较缓，病程较长。发热对宝宝有弊也有利，发热的时候人体免疫功能明显增强，这有利于清除病原体和促进疾病的痊愈。

（二）误食异物的急救办法

在生活中，出现宝宝误食异物的事例经常可见。当发生这种情况的时候，父母应该要采取正确的方法应对。

1 宝宝误食药物的有效处理方法

爸爸妈妈不要一发现宝宝误服药物后就惊慌失措，要保持冷静并搞清楚宝宝误服的到底是什么药、服下去多久，这才有利于治疗处理。如果宝宝服药时间在 4 ~ 6 小时之内，可以立即在家里采取催吐法，把宝宝存留在胃内还未来得及消化吸收的药物吐出来。方法是：爸爸妈妈拿住一根筷子轻轻触碰宝宝的嗓子后部（咽后壁处），宝宝就会感到恶心而引起呕吐。为了有更好的效果，可以先让宝宝喝点水，反复催吐几次，这样可以尽量减少药物的吸收，避免药物中毒的发生。但是如果宝宝服入的药量过大的话，特别是当宝宝已经出现中毒症状时，应该立即到医院进行抢救治疗。

2 宝宝吞食其他异物的急救方法

鱼刺、果核、花生仁、纽扣、硬币等体积较小的物品，都有可能成为宝宝的致命杀手。

如果宝宝误食这些物品，爸爸妈妈在立即给急救中心打电话求救的同时，也可以采取以下方法清除宝宝口、鼻内的食物残渣：

NO.1 拍背法

如果宝宝年龄稍微大一点，可以让宝宝趴在你的膝盖上面，头部朝下，托住其胸，连续用力拍其背部 4 下，迫使异物排出。

NO.2 催吐法

催吐法比较容易操作，方法为：把手指伸进宝宝的口腔，刺激其舌根催吐。此方法适用于比较靠近喉部的气管异物。

（三）生活中无处不在的危险

在宝宝的成长过程中，爸爸妈妈不希望宝宝遭遇到任何意外伤害。然而，残酷的事实告诉我们，我国因意外伤害造成的儿童死亡数占儿童死亡总数的 26.1%。很多意外伤害看起来好像很难发生，但有时候就出现在一瞬间。因此，在日常照护中，爸爸妈妈一定要警惕那些无处不在的危险，并且做好相应的防范措施。

1 动物咬伤

宝宝喜欢和宠物狗、猫等小动物亲密接触，但又不懂得怎么与之安全相处，被宠物咬伤时有发生。所以，养狗家庭应该定时为狗狗注射狂犬疫苗。宝宝被狗咬后必须立即送往医院诊治，不要延误。

2 烧伤、烫伤

烧、烫伤所形成的伤害，不仅会给宝宝留下大面积的疤痕，甚至还会导致毁容、失明，给他们未来的工作生活带来心理障碍和负担。为防止烧、烫伤，妈妈应做到以下几点：

妈妈在给宝宝洗澡时，应先放冷水再放热水；不要让宝宝靠近热水瓶、灶台、电熨斗等热源；养成用密封、隔热杯喝热水的习惯，以免杯子歪倒烫伤宝宝。

3 跌伤

跌伤是发生率最高的非致死性伤害，男宝宝的发生率是女宝宝的 3 倍。家中有宝宝的家庭应封闭阳台；患有癫痫、高血压、低血压、低血糖等特殊疾病或易晕厥的成年人，抱宝宝时一定要注意，不要站在有危险的地方；损坏的门窗要及时修理，防止宝宝攀爬跌倒。

（四）上呼吸道感染：关键在于预防

宝宝突然有点鼻塞、流鼻涕，还有一点点咳嗽。妈妈是一位儿科护士，看到宝宝出现这些症状，马上给宝宝服用了一些清热解毒、止咳化痰的中药，以防宝宝患上呼吸道感染。

宝宝的防御机制发育并不完善，容易患上呼吸道感染，虽然轻重程度有所不同，但是在婴儿时期患重症的情况比较多，妈妈要小心护理。

1 学会用眼睛辨别病的轻重缓急

上呼吸道感染一般会有 2 ~ 3 天的潜伏期，最初宝宝可能出现鼻塞、流鼻涕、打喷嚏、轻度咳嗽等症状，有时候还会伴有眼睛的红肿痛、全身发热、呕吐、腹泻等。

如果是中度上呼吸道感染，宝宝的体温可达到 39 ~ 40℃，伴有头疼、全身无力、食欲不振、睡眠不安等症状，还可能出现扁桃体炎、疱疹性咽炎、鼻窦炎、中耳炎、额下淋巴结肿大等症状。

2 宝宝患病，家庭护理才是关键

① 宝宝得了急性上呼吸道感染，妈妈千万不要马上给宝宝服用抗生素，应以清热解毒、止咳化痰的中药治疗，服用抗生素的治疗应在医生的指导下进行。

② 宝宝低热的时候不建议服用退热药，可以采用物理降温的方法，高热不退要赶快带宝宝去看医生。

③要保证患病期间宝宝能够得到充分的休息。休息的环境要尽可能安静，室内保持通风，空气要新鲜。

④ 虽然说宝宝可能会食欲不振，仍然要让宝宝进食，以增强身体的抵抗力。

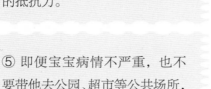

⑤ 即便宝宝病情不严重，也不要带他去公园、超市等公共场所，那样可能会使得病情加重。

⑥ 可让宝宝多喝水，以补充生病的时候身体失去的水分。

⑦ 宝宝痊愈以后，可以给他补充牛初乳，以增强宝宝的免疫力，提高其机体抗病能力。

⑧ 呼吸系统的疾病对空气质量要求比较高，宝宝周围的环境要干净、整洁。

3 做好预防，才能切断宝宝生病的源头

① 宝宝的饮食结构要营养均衡，防止营养不良。

② 增加宝宝户外活动的时间及运动量，增强宝宝体质，提高机体的抵抗能力。

③ 要保持宝宝的个人清洁卫生，勤洗手，勤洗澡，穿干净衣服，确保饮食卫生。

④ 尽量不要带宝宝到人多的公共场所去，尤其是在冬季，以防造成交叉感染。

⑤ 室内也要经常通风，保持空气新鲜，不能过冷也不能过热。天气变化的时候，小心增减衣物。

⑥ 如果家中有呼吸道感染患者，就需要与宝宝隔离。如果无法隔离，患者最好戴上口罩。

（五）手足口病：日常护理卫生很关键

　　妈妈带快满周岁的宝宝去表姐家玩，表姐的宝宝上幼儿园了，两个宝宝玩得很愉快。第3天后，表姐打电话过来说她家宝宝身上长了不少疹子，又是流鼻涕又是咳嗽的，医生诊断说宝宝患了手足口病。这个病有传染性，看我家宝宝是不是被传染了。妈妈放下电话就很着急把宝宝全身上下检查了个遍，但是并未发现什么异常，一颗心稍稍放宽了些。但是妈妈再上网查了资料以后才得知手足口病的潜伏期有一周，立马又开始担心起来。手足口病，到底是个什么病啊？

1　了解手足口病症状，早点发现宝宝病情

　　手足口病是由数种肠道病毒引起的传染病，该病的主要症状表现为发病初期出现咳嗽、流鼻涕、烦躁、哭闹等症状，多数不发热或有低热，发病1~3天后口腔内、口唇内侧、舌、软腭、硬腭、颊部、手足心、肘、膝、臀部和前阴等部位出现小米粒或绿豆大小且周围发红的灰白色小疱疹或红色丘疹，疹子不痒、不痛、不结痂、不结疤、不像蚊虫咬、不像药物疹、不像口唇牙龈疱疹、也不像水痘。口腔内的疱疹破溃后即出现溃疡，导致宝宝常常流口水，不能吃东西。如果疱疹破溃，极容易传染。手足口病具有流行面广、传染性强、传播途径复杂等特点。

　　手足口病病毒还可以通过唾液飞沫或带有病毒的苍蝇叮爬过的食物，经鼻腔、口腔传染给健康的宝宝，也可以直接接触传染。重症患儿病情发展快，甚至可引起宝宝心肌炎、肺水肿、无菌性脑膜炎等并发症，容易导致死亡。

　　该病没有免疫性，宝宝患过一次后还可能再患，所以爸爸妈妈在做好预防的同时也要清楚一些手足口病的家庭护理以及饮食调理方法。

2 宝宝患病，妈妈要科学照顾

手足口病具有较强的传染性，一旦发现宝宝患上手足口病，就应该及时就医，并避免宝宝与外界接触。如果宝宝症状较轻，可以在家中休息治疗。在家的时候，妈妈可以采取以下方法护理宝宝：

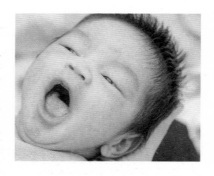

NO.1 皮疹护理

手足部皮疹初期可涂炉甘石洗剂，有疱疹形成或疱疹破溃时可涂 0.5% 碘伏药酒。宝宝臀部有皮疹，妈妈应注意随时清理宝宝的大小便，以保持宝宝臀部的清洁干燥。

妈妈要注意保持宝宝的皮肤清洁、防止感染；宝宝的衣服要舒适，要经常更换；可把宝宝的指甲剪短，必要的时候要包裹宝宝的双手，以防止抓破皮疹。

NO.2 口腔清洁

由手足口病所引发的口腔溃疡会导致宝宝拒食、流涎、哭闹不眠等，所以要经常清洁宝宝的口腔。饭前饭后，都要用生理盐水给宝宝漱口，如果宝宝还很小不会漱口，妈妈可用棉签吸生理盐水清洁宝宝口腔。

NO.3 降温要及时

重症的手足口病患儿可能会伴有发热症状。如果宝宝的体温在 37 ～ 38.5℃之间，妈妈要注意给宝宝降温，还可通过喝温水及洗温水浴的方法来降温。

NO.4 家庭物品的消毒可隔绝感染源

要积极做好家中物品的消毒工作，如果食具是耐高温的材料，可以煮沸 20 分钟；玩具、衣物、书籍等可以在阳光下暴晒；污染严重（如被患儿粪便污染）的衣物或床上用品可用含氯消毒剂（如 84 消毒液）浸泡 30 分钟，浸泡完要将消毒剂冲洗干净等。

NO.5 营养饮食

宝宝如果在夏季患病，容易造成脱水，妈妈需要给宝宝适当补水，让宝宝好好休息，多喝温开水。患病期间，宝宝可能会因发热、口腔疱疹、胃口较差而不愿进食，这个时候要给宝宝吃清淡、易消化的流质或半流质食物，避免让宝宝吃辛辣或过咸等刺激性食物，也不要让宝宝吃鱼、虾、蟹等水产品。

3 手足口病，重点在于防预

到目前为止，还没有可以完全预防手足口病的疫苗，也没有治疗手足口病的特效药，再加上此病的传染性非常强、传播的途径很多，所以做好预防的工作是十分重要的。防止感染病毒是预防的核心，而防止感染病毒的关键就是一定要注意卫生。爸爸妈妈们一定要注意做好以下工作：

NO.1 平时要多注意对宝宝的卫生护理

做到饭前、便后及外出后都要用洗手液或肥皂给宝宝洗手；宝宝的奶瓶、奶嘴使用前后都要充分清洗干净；看护人接触宝宝，在给宝宝换尿布前、处理便后都要洗手，并且要处理好污物；保持家庭环境的卫生，居室要经常通风；及时对宝宝的衣被进行晾晒或消毒。

NO.2 宝宝的饮食多加注意

不要让宝宝喝冷水、吃生冷食物。

NO.3 不去人流大的地方

在手足口病流行期间，不要带宝宝到人群拥挤、空气流通差的公共场所。

（六）厌食：宝宝开始对食物产生排斥

最近妈妈发现宝宝中饭的饭量越来越少，9 个月大的时候一餐可以吃一碗米饭，现在却一整天都很难吃完小半碗米饭。妈妈带宝宝去看医生："我家宝宝最近都不吃东西，是不是得厌食症啦？"医生看了看宝宝说："宝宝不吃东西，那他难道不会饿吗？想想看，平日里宝宝除了吃饭外，都吃了些什么？"妈妈突然想起，宝宝大多数的时间都在吃一些糖果，怪不得完全没有饥饿感呢。不过，宝宝如果对什么食物都不怎么感兴趣的话，是不是就是患有厌食症了呢？

1 厌食的定义

厌食是一种症状而非一种独立的疾病，指宝宝在较长的一段时间内食欲不振甚至拒食的一种现象，以 1~6 岁小儿较为常见。如厌食的时间持续较长，就会影响宝宝正常的生长发育。

2 宝宝为什么会厌食呢？

宝宝厌食的原因有疾病因素还有非疾病因素。事实上，由疾病引起的婴幼儿厌食的临床比例是较低的，绝大多数的宝宝厌食都是由不良的饮食习惯和喂养方式所导致的。不良的饮食习惯主要包括：

NO.1 饮食喂养没规律

宝宝饮食没规律，进食时间不固定，时间延长或缩短，导致正常的胃肠消化规律被打乱。宝宝如果吃零食过多，导致胃肠道蠕动和分泌紊乱，从而会引起厌食。

NO.2 餐桌习惯不良

正确的方法是：宝宝在固定的餐椅上吃饭，吃饭时间控制在 25 分钟内，只要发现宝宝已经有饱的感觉了就马上停止喂食，等到下顿再来。如果宝宝干脆不吃，则就不再给了，让宝宝知道饿的感觉，下顿吃饭时他也就能体会到吃饭带来的快感，当然就会爱上吃饭了。

NO.3 高蛋白、高糖食物一定要适量

爸爸妈妈过多地给宝宝喂食高蛋白、高糖的饮食，这样会损坏其胃肠，引起消化不良，使得宝宝食欲下降。

NO.4 食用补品不当

服药太多或滥用保健补品，就会增加宝宝胃肠消化吸收的负担，也会增加其患厌食症的概率。有时候宝宝厌食也有可能是因为宝宝患了器质性的疾病，如身体局部或全身性疾病、胃肠道疾病等。

3 宝宝出现厌食时家庭护理应该注意的问题

宝宝一旦出现厌食现象，爸爸妈妈千万不要焦虑慌张，尤其不要在宝宝面前表现出忧心的样子。

首先，爸爸妈妈应该更加爱护自己的宝宝，多给他鼓励和关爱。

其次，对于疾病因素引起的厌食，爸爸妈妈应该要让宝宝积极配合治疗原发病，对于较为严重的疾病要及时到医院诊治；如果是非疾病因素引起的厌食，则需要纠正宝宝不良的饮食习惯。

4 预防永远是首要的

宝宝厌食会影响到宝宝自身的成长，万一引起其他疾病更加麻烦。因此，爸爸妈妈要做好日常生活当中的护理工作，培养宝宝良好的饮食习惯，防患于未然。

具体要注意以下事项：

NO.1 确保宝宝睡眠充足、适度活动、按时排便

如果宝宝睡眠充足，就会精力旺盛、食欲强；相反睡眠不足，无精打采，宝宝就不会有食欲，日久还会消瘦。适度活动可以促进新陈代谢，加速能量消耗。按时排便，能使消化道通畅，也能促进食欲。

NO.2 打造良好的进食环境

宝宝的消化系统容易受到情绪的影响，一旦出现精神紧张，就会导致食欲减退。所以，在宝宝进食的时候，妈妈不要引逗宝宝做其他事，一定要有意识地营造一种气氛，让宝宝感到吃饭也是一件十分愉快的事。

NO.3 宝宝的食物要营养丰富

宝宝吃的食物要尽量多样化，妈妈要保证让宝宝吃一定量的蔬菜、水果，并尽可能地将饭菜做得色香味俱佳。

（七）积食：妈妈要学会合理地喂养宝宝

最近妈妈发现宝宝的胃口变得小了，没有食欲，睡觉的时候身子不停地扭动，有时候还咬牙，宝宝的肚子常常胀胀的，有时候还喊"肚肚疼"……妈妈带宝宝到医院去看医生，医生诊断说宝宝这是患了积食症。

1 积食的症状和出现的原因

所谓"积食"，是指小儿吃下食物后不消化，停积在胃肠中，引起宝宝恶心、呕吐、食欲不振、厌食、腹胀、腹痛、口臭、手足发热、肤色发黄、精神萎靡等症状。

引起积食的原因主要是宝宝吃得太多或太杂，比如把花生和红薯混着吃，红薯和鸡蛋混着吃，冷热食物混合着吃（尤其是先吃热食后吃冷食）等。

2 出现积食时家庭护理应注意的问题

宝宝出现积食，说明爸爸妈妈对宝宝的喂养方式出现问题啦。这个时候妈妈就要回想在给宝宝喂食的时候是否有做得不合理的地方。如平时是否给宝宝吃多了，是不是过多食用高能量、高蛋白等不易消化的食物？宝宝的饮食结构是否出现问题？每次喂食后是否很少带宝宝去散步？如发现以往的喂养方式有误需要及时纠正。对于患积食的宝宝在护理时要注意以下事项：

NO.1 合理安排喂养自己的宝宝

给宝宝喂食清淡的蔬菜、容易消化的米粥、面汤、面条等，不要让宝宝吃油炸、膨化食物，少吃甚至不吃肉类食物。如果宝宝同时还在喝母乳，那么哺乳期的妈妈饮食一定要清淡，避免高脂肪、高蛋白。妈妈若饮食无度，宝宝就很可能出现"奶积"。

NO.2 饭后让宝宝多走动

饭后可以带宝宝做一些小游戏，让宝宝多运动运动。

NO.3 腹部保暖

注意多给宝宝腹部保暖，避免宝宝胃肠道受寒，同时可减少呼吸道感染。

NO.4 选择相关药物进行治疗

如果是因贪食受凉引起肚腹胀满、恶心呕吐、舌苔黄厚、大便干燥等，可服用小儿消食丸。如果是因积食引起咳嗽、喉痰鸣、腹胀如鼓、口中有酸臭气味等，可服用小儿消积止咳口服液。

（八）怎样通过饮食预防宝宝腹泻?

宝宝腹泻比较常见，但并非不能预防。一般来说，只要注意调整饮食的结构，注意卫生和规律，腹泻是可以避免的。

1 应保证辅食卫生

在准备食物和喂食前，妈妈和宝宝均应洗手；食物制作后应马上食用，不要给宝宝吃剩的食物；用洁净的餐具盛放食物。

2 辅食添加要合理

由于宝宝消化系统发育不成熟，调节功能差，消化酶分泌少、活性低，所以开始添加辅食时应注意循序渐进，由少到多，由半流食逐渐过渡到固体食物。特别是脂肪类等不易消化的食物不应过早添加。

3 喂辅食要有规律

1岁以内的宝宝每天可以吃5顿，早、中、晚三次正餐；中间加2次点心或水果。喂食过多、过少、不规律都可导致宝宝消化系统紊乱而出现腹泻。

（九）宝宝秋季吃什么辅食可防燥?

秋季天气干燥，宝宝体内容易产生火气，小便少，神经系统容易紊乱，宝宝的情绪也常随之变得躁动不安。所以，秋季给宝宝的辅食应该选择含有丰富维生素 A、维生素 E，能够滋阴清火的食物，对改善秋燥症状大有裨益。

1 南瓜

南瓜所含的 β - 胡萝卜素可由人体吸收后转化为维生素 A，吃南瓜可以防止嘴唇干裂、鼻腔流血及皮肤干燥等，给宝宝做点南瓜糊可以增强其机体免疫力，改善秋燥症状。

2 藕

鲜藕中含有易吸收的碳水化合物、维生素和微量元素，能健脾益气。可把藕切片、蒸熟后捣成泥给 10 ~ 12 个月的宝宝吃。

3 水果

秋季盛产水果，苹果、梨、柑橘、石榴、葡萄等能生津止渴、开胃消食的水果都适合宝宝吃。

4 干果和绿叶蔬菜

镁是重要的强心物质，叶酸则可保证血液质量，两者缺乏易有焦虑情绪。干果和绿叶蔬菜是其最好来源，秋季可给宝宝吃适量核桃、瓜子、榛子、菠菜、芹菜、生菜等。

5 豆类和谷类

豆类和谷类含有 B 族维生素，秋季可给宝宝每周吃 3 ~ 5 次软软的粗粮粥或用大麦、薏米、玉米粒、红豆、黄豆和大米等熬成的粥，稳定细胞状态，为细胞提供能量。

6 含脂肪酸和色氨酸的食物

脂肪酸和色氨酸能消除秋季烦躁情绪，可让宝宝多吃点海鱼、胡桃、牛奶、榛子、杏仁和香蕉等。

5 宝宝的 "早教课堂" 开课了

（一）智力亲子游戏

　　和宝宝一起玩游戏是妈妈最乐意的事情了，因为每次宝宝都能做出一些意想不到的一些动作来把妈妈逗开心：妈妈把一个小兔子玩具拿在手里，让宝宝找小兔子 "在哪里"，宝宝半天不作声地指着墙上挂着一幅画，像是在说 "小兔子在那里"，妈妈看过去，挂画当中真的有一个小兔子，宝宝反应好快啊！

学会照顾好娃娃
从小引导宝宝要有爱心

　　让宝宝做 "照顾好娃娃" 的游戏，方法如下：

①给宝宝准备一个娃娃玩具，让宝宝和它玩，或是拍它睡觉。

②试着提醒宝宝："娃娃饿了，要吃奶啦。" 并给宝宝小瓶子来代替奶瓶。

③妈妈帮助宝宝给娃娃喂奶，并给予鼓励，夸奖宝宝。

　　游戏中，妈妈要提醒宝宝应该怎样对待娃娃，如果宝宝虐待娃娃，就要表现出生气的样子；如果宝宝做得很好，要及时夸奖。通过妈妈的态度变化，宝宝会渐渐明白如何好好照顾娃娃，培养其爱心。

学会揭盖子
发展观察能力

可以和宝宝玩揭盖子的游戏。准备几个带盖子的塑料杯子，在里边放上一些小玩具。如果宝宝做对了，可以洗净杯子，倒入宝宝爱喝的饮料，盖上盖子，递给宝宝以表示奖励。这样可以培养宝宝的观察能力与初步的思维能力。

套杯子
有利宝宝大脑发育

可以和宝宝做套杯子的游戏。首先准备5个规格相同的塑料水杯，水杯的颜色要尽量不同、色彩鲜艳，以此促进宝宝的视觉发展。游戏方法如下：

① 妈妈示范将水杯一字排开放在宝宝面前，依照水杯摆放的顺序，拿起一侧的水杯套在相邻的另一个水杯上。依次将5个水杯套在一起，然后再将水杯一字排开。

② 鼓励宝宝多看多学，让宝宝拿起一个水杯套在另一个水杯上，一次将5个杯子套在一起。在宝宝掌握游戏技巧后，

还可以进行套杯子比赛，看谁套得又快又准，这会让小宝宝感觉更加刺激。

这个游戏可锻炼宝宝手拿物品的能力以及手眼协调能力，促进大脑发育。

捏小人
有助提升宝宝动手能力

当宝宝抓到黏土的时候，黏土的触感会让宝宝感到惊奇。妈妈开始给宝宝示范怎么玩黏土。有时宝宝因为好奇，会把黏土放进嘴里，妈妈要时刻注意阻止这种情况的发生，反复告诉宝宝"这是不能吃的"。如果宝宝兴趣很高，妈妈也可以尝试露一手，做出各种形状的泥人，握着宝宝的手一起把黏土捏成各种形状。具体方法如下：

①准备好黏土或橡皮泥。妈妈先示范如何捏橡皮泥，再把橡皮泥交给宝宝，让宝宝试着去捏、搓、拍打黏土或橡皮泥。

②妈妈先向宝宝示范，将橡皮泥拍打成一个大饼或搓成一根面条，并且鼓励宝宝学习妈妈的动作。

③随着宝宝兴趣的提升，妈妈慢慢增加难度。妈妈自己捏好一个小人后，可握着宝宝的手捏出同样的小人。

学习拿笔乱画
培养宝宝手眼协调能力

先给宝宝准备一张干净的纸和各种颜色的笔，爸爸妈妈引导宝宝拿起笔在纸上随意乱画。也可以鼓励他："宝宝画的是什么？像红色的太阳，真不错啊。""宝宝拿红色的笔画画呢！"

让宝宝拿笔乱涂，可以锻炼他的肌肉力量及手眼协调能力。

（二）坐下、站立，为行走做准备

宝宝刚刚开始扶着物体站立时，可能是摇摇晃晃的，慢慢就能站稳了。有些妈妈看到宝宝摇摇晃晃便十分心疼，进而停止对宝宝的训练。要知道，这样做对宝宝的生长发育可是不利的。对宝宝的体能训练，每个月都不能停止。接下来就看看，这个月爸爸妈妈要如何训练宝宝吧。

从站立到坐下
手和身体的稳定协调

从站立到坐下的动作，需要宝宝手和身体的稳定协调配合。一开始，宝宝可能会"啪嗒"坐在床上，这不要紧，注意安全就可以了。爸爸妈妈可以稍稍扶一下宝宝的腋下，把持一下身体的稳定，宝宝就能顺利地从站立转换到坐位了。

从站立到坐下这个动作比较难，有的宝宝要到快1岁时才能学会，对此妈妈不必着急。

从坐着到站立
为独立行走打基础

宝宝自己徒手站起来需要有个过程，刚开始时，爸爸妈妈可以用手指轻轻勾着宝宝的手指，边说"宝宝站起来"，边用力向上拉。如果宝宝站起来了，妈妈就要夸奖宝宝；如果宝宝不能站起，妈妈就再把手指伸给宝宝——先不接触宝宝的手指，而是说："宝宝站起来，够妈妈的手。"这时宝宝就会伸出小手，勾住妈妈的手指，妈妈再顺势将宝宝轻轻拉起。

这个游戏可以锻炼宝宝的手和身体的稳定协调配合，为宝宝的独立行走打下良好基础。